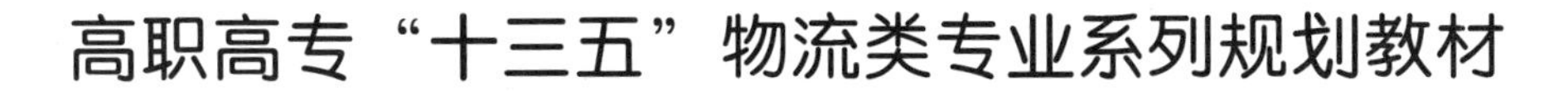
高职高专"十三五"物流类专业系列规划教材

工程机械与机具管理

主　编　田昌奇　　主　审　何　叶
副主编　樊　浩

西安交通大学出版社
XI'AN JIAOTONG UNIVERSITY PRESS

内容提要

本书立足于施工企业机械设备使用的实际情况，结合典型机型，系统地介绍了工程机型设备的基本构造和工作原理，共包括六个学习情境，即工程机械设备认知，工程机械设备的经营管理，工程机械设备资产、信息管理，工程机械的使用与保养、维修，工程机械设备的安全管理，特种设备管理等。

本书可作为高职院校物流管理专业的教材，也可用于相关专业的职业资格培训和各类在职培训，亦可作为有关技术人员的参考用书。

前言

根据《2012年工程机械行业风险分析报告》，过去几年，工程机械行业的地位不断提升，发展环境向好，发展超出预期，各种新工艺、新技术、新设备不断出现。施工企业对机械设备管理方面的人才需求不断加大，同时对人才培养质量也提出了更高的要求。另外，根据目前高职教育的发展形势，生源质量逐年提高。为适应这些变化，我院（陕西铁路工程职业技术学院）各级领导高度重视，将《工程机械与机具管理》教材的编写作为物流管理专业建设工作中的重中之重，多次组织召开校企合作专业建设研讨会，制定了《工程机械与机具管理》教材编写出版计划，确定了以下教材编写原则：

(1)拓宽教材的使用范围。本教材主要面向高职，也可用于相关专业的职业资格培训和各类在职培训，亦可供有关技术人员参考。

(2)坚持教材内容以培养学生职业能力和岗位需求为主的编写理念。教材内容难易适度，理论知识以“够用”为度，注重理论联系实际，着重培养学生的实际操作能力。

(3)在教材内容的取舍和主次的选择方面，照顾广度，控制深度，力求针对专业，服务行业，对与本专业密切相关的内容予以足够的重视。

本书编写立足于施工企业机械设备使用的实际情况，结合典型机型，系统介绍工程机型设备的基本构造和工作原理，同时，有选择地介绍一些国外的新技术、新设备，以便拓宽学生的视野，为学生进一步深造打下基础。

本书主要内容包括：工程机械设备认知，工程机械设备的经营管理，工程机械设备资产、信息管理，工程机械的使用与保养、维修，工程机械设备的安全管理，特种设备管理。

参加本书编写工作的有：陕西铁路工程职业技术学院田昌奇（编写学习情境1,3,4,5,6），中铁港航局集团有限公司樊浩（编写学习情境2任务1、任务2），陕西铁路工程职业技术学院苏开拓（编写学习情境2任务3）。本书由田昌奇担任主编，樊浩担任副主编，中铁港航局集团有限公司何叶副总工程师担任主审。

本教材在编写过程中，得到院系领导及多个施工企业项目物设部的大力支持，在此一并表示感谢！

由于作者水平有限，书中难免有不妥和疏漏之处，敬请大家批评指正。

编　者

2017 年 6 月

目录

学习情境1 工程机械设备认知

知识目标

1. 解释工程机械的概念，认知常见的施工机械并了解其用途；
2. 描述机械设备管理的重要意义，我国机械设备管理的发展历程；
3. 掌握机械设备管理体制的含义、机械设备管理的任务及岗位职责。

能力目标

1. 熟练说出常用工程机械的名称及用途；
2. 掌握工程机械各管理岗位的岗位职责。

任务1　工程机械设备基础知识认知

1.1　工程机械的定义及分类

按照机械工业出版社的《工程机械》一书中关于“工程机械”的定义：工程机械是为城乡建设、铁路、公路、港口码头、农田水利、电力、冶金、矿山等各项基本建设工程施工服务的机械；凡是土方工程、石方工程、混凝土工程及各种建筑安装工程在综合机械化施工中，所必需的作业机械设备，统称为工程机械。

工程机械行业的生产特点是多品种、小批量，属于技术密集、劳动密集、资本密集型行业。经过50多年的发展，中国工程机械行业已基本形成了一个完整的体系，能生产18大类、4500多种规格型号的产品，并已经具备自主创新、对产品进行升级换代的能力。

按主要用途分类，工程机械可以大致分为九个类别，见表1-1。

表1-1　工程机械行业产品分类

主要大类		细分品种
1	挖掘机械	单斗挖掘机、多斗挖掘机、多斗挖沟机、滚动挖掘机、铣切挖掘机、隧洞掘进机(包括盾构机械)
2	铲土运输机械	推土机、铲运机、装载机、平地机、自卸车
3	起重机械	塔式起重机、自行式起重机、桅杆起重机、抓斗起重机
4	压实机械	轮胎压路机、光面压路机、单足式压路机、振动压路机、夯实机、捣固机

续表 1-1

主要大类		细分品种
5	桩工机械	旋挖钻机、工程钻机、打桩机、压桩机
6	钢筋混凝土机械	混凝土搅拌机、混凝土搅拌站、混凝土搅拌楼、混凝土输送泵、混凝土搅拌输送车、混凝土喷射机、混凝土振动器
7	路面机械	平整机、道砟清筛机
8	凿岩机械	凿岩台车、风动凿岩机、电动凿岩机、内燃凿岩机和潜孔凿岩机
9	其他工程机械	架桥机、气动工具(风动工具)等

资料来源:国家统计局.

1.2 各类施工机械认知

1.2.1 挖掘机械

1. 单斗挖掘机

单斗挖掘机是利用单个铲斗挖掘土壤或矿石的自行式挖掘机械,由工作装置、转台和行走装置等组成(见图1-1)。作业时,铲斗挖掘满斗后转向卸土点卸土,空斗返转挖掘点进行周期作业。它广泛应用在房屋建筑施工、筑路工程、水电建设、农田改造和军事工程以及露天矿场、露天仓库和采料场中。

图1-1 单斗挖掘机

2. 多斗挖掘机

多斗挖掘机是用多个铲斗连续挖掘、运送和卸料的挖掘机械(见图1-2)。其特点是连续作业、生产率高、单位能耗较小,适于挖掘硬度较低、不含大石块的土壤。多斗挖掘机分链斗式、轮斗式和斗轮式。

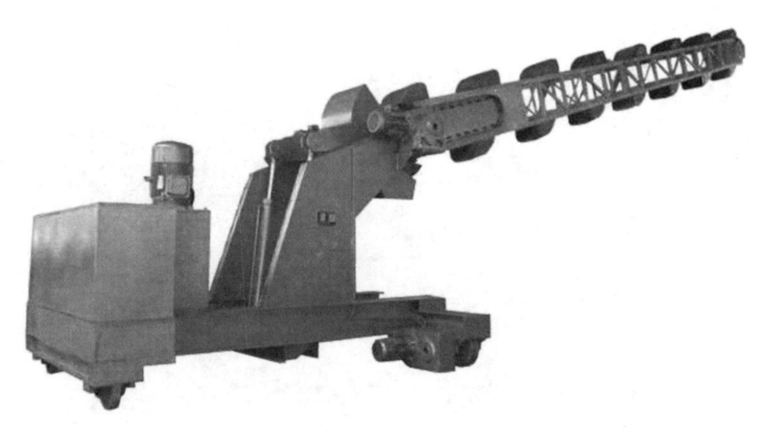

图 1-2 多斗挖掘机

3.铣切挖掘机

铣挖机(见图 1-3)采用世界领先的尖端技术生产,可安装在任何类型的液压挖掘机上,高效替代挖斗、破碎锤、液压剪等通用配置,应用于露天煤矿、隧道掘进及轮廓修正、渠道沟槽铣掘、沥青混凝土路面铣刨、岩石冻土铣挖、树根铣削等多个领域,铣挖机为隧道开挖提供了一种崭新的施工方法。

图 1-3 铣切挖掘机

4.隧道掘进机

它是利用回转刀具开挖,同时破碎洞内围岩及掘进,形成整个隧道断面的一种新型、先进的隧道施工机械(见图 1-4)。

5.盾构机

盾构机(见图 1-5)根据工作原理一般分为手掘式盾构、挤压式盾构、半机械式盾构(局部气压、全局气压)、机械式盾构(开胸式切削盾构、气压式盾构、泥水加压盾构、土压平衡盾构、混合型盾构、异型盾构)。

图 1-4 隧道掘进机

图 1-5 盾构机

1.2.2 铲土运输机械

1. 推土机

推土机是一种工程车辆，前方装有大型的金属推土刀，使用时放下推土刀，向前铲削并推送泥、沙及石块等，推土刀位置和角度可以调整(见图 1-6)。推土机能单独完成挖土、运土和

图 1-6 推土机

卸土工作，具有操作灵活、转动方便、所需工作面小、行驶速度快等特点。其主要适用于一至三类土的浅挖短运，如场地清理或平整，开挖深度不大的基坑以及回填，推筑高度不大的路基等。

2. 铲运机

铲运机是矿山无轨设备的一种，广泛应用于地下矿山的采掘、运输（见图1-7）。以铲运机和自卸式运矿卡车为核心的无轨采矿设备，在国内外已成为采矿技术发展的主流。目前，市场上广泛应用的铲运机分为内燃铲运机与电动铲运机两种，内燃铲运机适用于通风良好的作业环境，拥有灵活、高效的特点；电动铲运机则更加环保，无污染。

图1-7 铲运机

3. 装载机

装载机是一种广泛用于公路、铁路、建筑、水电、港口、矿山等建设工程的土石方施工机械（见图1-8），它主要用于铲装土壤、砂石、石灰、煤炭等散状物料，也可对矿石、硬土等做轻度铲挖作业。换装不同的辅助工作装置还可进行推土、起重和其他物料如木材的装卸作业。在道路，特别是在高等级公路施工中，装载机用于路基工程的填挖、沥青混合料和水泥混凝土料场的集料与装料等作业。此外，还可进行推运土壤、刮平地面和牵引其他机械等作业。由于装载机具有作业速度快、效率高、机动性好、操作轻便等优点，因此它成为工程建设中土石方施工的主要机种之一。

图1-8 装载机

4. 平地机

平地机是利用刮刀平整地面的土方机械（见图1-9）。刮刀装在机械前后轮轴之间，能升降、倾斜、回转和外伸。动作灵活准确，操纵方便，平整场地有较高的精度，适用于构筑路基和

图 1-9　平地机

路面、修筑边坡、开挖边沟，也可搅拌路面混合料、扫除积雪、推送散粒物料以及进行土路和碎石路的养护工作。

5. 自卸车

自卸车是指通过液压或机械举升而自行卸载货物的车辆，又称翻斗车，由汽车底盘、液压举升机构、货厢和取力装置等部件组成(见图 1-10)。

图 1-10　自卸车

1.2.3　起重机械

1. 塔式起重机

塔式起重机简称塔机，亦称塔吊，起源于西欧，是动臂装在高耸塔身上部的旋转起重机(见图 1-11)。其作业空间大，主要用于房屋建筑施工中物料的垂直和水平输送及建筑构件的安装。它由金属结构、工作机构和电气系统三部分组成。金属结构包括塔身、动臂和底座等。工作机构有起升、变幅、回转和行走四部分。电气系统包括电动机、控制器、配电柜、连接线路、信号及照明装置等。

图1-11 塔式起重机

2. 自行式起重机

自行式起重机是指自带动力并依靠自身的运行机构沿有轨或无轨通道运移的臂架型起重机(见图1-12)。它分为汽车起重机、轮胎起重机、履带起重机、铁路起重机和随车起重机等几种。

图1-12 自行式起重机

3. 桅杆起重机

桅杆起重机是以桅杆为机身的动臂旋转起重机(见图1-13)。它由桅杆、动臂、支撑装置和起升、变幅、回转机构组成。其按支撑方式分斜撑式桅杆起重机和纤缆式桅杆起重机。斜撑式桅杆起重机用两根钢性斜撑支持桅杆,动臂比桅杆长,只能在270°以内回转,但起重机占地面积小。纤缆式桅杆起重机用多根缆绳稳定桅杆即在桅杆底部装上转盘,动臂比桅杆短,能作360°回转。

图 1-13　桅杆起重机

4. 抓斗起重机

抓斗起重机，俗名抓斗吊车，英文名：grabcrane/grabbingcrane。抓斗起重机是指装有抓斗的起重机械，广泛用于港口、码头、车站货场、矿山等方面装载各种散货、圆木、矿物、煤炭、砂石料、土石方等(见图 1-14)。

图 1-14　抓斗起重机

抓斗起重机是一种自动取物机械，它的抓取和卸出物料动作是由卸船机司机操纵，不需要辅助人员，因而避免了工人的繁重劳动，节省了辅助工作时间，大大提高了装卸效率。抓斗起重机大体分为桥式抓斗起重机、门式抓斗起重机、折臂式抓斗起重机，通常人们常说的抓斗起重机是指折臂式的抓斗起重机。

1.2.4 压实机械

1.轮胎压路机

轮胎压路机是由多个充气轮胎对道路进行密实作业的一种机械(见图1-15)。轮胎压路机碾轮采用充气轮胎,一般装前轮3~5个,后轮4~6个。轮胎压路机采用液压、液力或机械传动系统,单轴或全轴驱动,宽基轮胎铰接式车架结构三点支承。压实过程有揉搓作用,使压实层颗粒不破坏而相嵌,均匀密实。另外,其机动性好,行速快。

图1-15 轮胎压路机

2.光面压路机

静力式光面滚压路机是应用静力压实原理,利用压路机自身行驶的滚轮对被压材料施行反复滚压,依靠机械自身的重力所产生的静压力来完成压实工作(见图1-16)。

图1-16 光面压路机

3. 单足式压路机

单足式压路机(见图1-17)用于压实沥青表面,压实平整沟渠基础、道路、体育场地等工程基础,也可碾压草坪。

图1-17 单足式压路机

4. 振动压路机

振动压路机可用于压实砾石、沙土、沥青道路、人行道、桥梁、停车场、体育场地及狭窄场地压实作业,其垂直振动,激振力大,压实效率高,是公路、市政部门修建道路、街道、广场的理想设备(见图1-18)。

图1-18 振动压路机

5. 夯实机

夯实机是用来夯实地面作业的建筑施工机械(见图1-19)。

6. 捣固机

捣固机用专用汽油机做动力,不需要空压机及电源等辅助设施,结构紧凑,携带方便(见图1-20)。通过更换不同的机具可进行捣固、破碎、打夯、夯实、劈裂、钻孔等多种工作,可广泛用于铁路维修、公路维修和土木工程中的破碎拆除及矿山开采工作。

图1-19　夯实机

图1-20　捣固机

1.2.5　桩工机械

1. 旋挖钻机

旋挖钻机是一种适合建筑基础工程中成孔作业的施工机械(见图1-21)。其主要适于砂土、粘性土、粉质土等土层施工,在灌注桩、连续墙、基础加固等多种地基基础施工中得到广泛应用,一般采用液压履带式伸缩底盘、自行起落可折叠钻桅、伸缩式钻杆、带有垂直度自动检测调整、孔深数码显示等,整机操纵一般采用液压先导控制、负荷传感,具有操作轻便、舒适等特点。

2. 工程钻机

工程钻机是用于高层建筑、港口、码头、水坝、电力、桥梁等工程的大口径灌注桩施工的钻机(见图1-22)。

图1-21　旋挖钻机

图1-22　工程钻机

3.打桩机

打桩机由桩锤、桩架及附属设备等组成(见图1-23)。桩锤依附在桩架前部两根平行的竖直导杆(俗称龙门)之间,用提升吊钩吊升。桩架为一钢结构塔架,在其后部设有卷扬机,用以起吊桩和桩锤。桩架前面有两根导杆组成的导向架,用以控制打桩方向,使桩按照设计方位准确地贯入地层。打桩机的基本技术参数是冲击部分重量、冲击动能和冲击频率。桩锤按运动的动力来源可分为落锤、汽锤、柴油锤、液压锤等。

图1-23 打桩机

图1-24 混凝土搅拌机

1.2.6 钢筋混凝土机械

1.混凝土搅拌机

混凝土搅拌机,包括通过轴与传动机构连接的动力机构及由传动机构带动的滚筒,在滚筒筒体上装围绕滚筒筒体设置的齿圈,传动轴上设置与齿圈啮合的齿轮(见图1-24)。其按工作性质分间歇式(分批式)和连续式混凝土搅拌机;按搅拌原理分自落式和强制式混凝土搅拌机;按安装方式分固定式和移动式混凝土搅拌机;按出料方式分倾翻式和非倾翻式混凝土搅拌机;按拌筒结构形式分立式、鼓筒式、双锥、圆盘立轴式和圆槽卧轴式混凝土搅拌机等。

2.混凝土搅拌站

混凝土搅拌站是由搅拌主机、物料称量系统、物料输送系统、物料贮存系统、控制系统五大组成系统和其他附属设施组成的建筑材料制造设备(见图1-25),其工作的主要原理是以水泥为胶结材料,将砂石、石灰、煤渣等原料进行混合搅拌,最后制作成混凝土,作为墙体材料投入建设生产。

3.混凝土搅拌楼

混凝土搅拌楼主要由搅拌主机、物料称量系统、物料输送系统、物料贮存系统和控制系统等五大系统和其他附属设施组成(见图1-26)。混凝土搅拌楼骨料计量与混凝土搅拌站骨料计量相比,减少了四个中间环节,并且是垂直下料计量,节约了计量时间,因此大大提高了生产效率。同型号的情况下，搅拌楼的生产效率比搅拌站的生产效率提高三分之一。

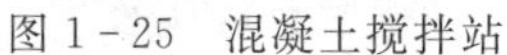

图1-25 混凝土搅拌站

图1-26 混凝土搅拌楼

4. 混凝土输送泵

混凝土输送泵，又名混凝土泵，由泵体和输送管组成，是一种利用压力，将混凝土沿管道连续输送的机械，主要应用于房建、桥梁及隧道施工(见图1-27)。其目前主要分为闸板阀混凝土输送泵和S阀混凝土输送泵。再一种就是将泵体装在汽车底盘上，再装备可伸缩或曲折的布料杆，从而组成泵车。

图1-27 混凝土输送泵

5. 混凝土搅拌输送车

混凝土搅拌输送车由汽车底盘、搅拌筒、传动系统、供水装置等部分组成(见图1-28)。①汽车底盘是混凝土搅拌输送车的行驶和动力输出部分，一般根据搅拌筒的容量选择。②搅拌筒是混凝土搅拌输送车的主要作业装置，其结构形式及筒内的叶片形状直接影响混凝土的输送和搅拌质量。③搅拌筒的动力分机械和液压传动两种。液压传动应用最广泛，由发动机驱动油泵经控制阀、油马达和行星齿轮减速器带动搅拌筒工作。机械传动是由发动机经万向联轴节、减速器和链轮、链条等驱动搅拌筒工作。动力方式也有两种：一种是直接从汽车的发动机中引出动力；另一种是设置专用柴油机作动力。④供水装置系供输送途中加水搅拌和出料后清洗搅拌筒之用。

图 1-28　混凝土搅拌输送车

6. 混凝土喷射机

混凝土喷射机是利用压缩空气将混凝土沿管道连续输送，并喷射到施工面上去的机械（见图 1-29）。其分干式喷射机和湿式喷射机两类，前者由气力输送干拌合料，在喷嘴处与压力水混合后喷出；后者由气力或混凝土泵输送混凝土混合物经喷嘴喷出。它广泛用于地下工程、井巷、隧道、涵洞等的衬砌施工。

7. 混凝土振动器

混凝土振动器就是机械化捣实混凝土的机具（见图 1-30）。用混凝土拌合机拌和好的混凝土浇筑构件时，必须排除其中气泡，进行捣固，使混凝土密实结合，消除混凝土的蜂窝麻面等现象，以提高其强度，保证混凝土构件的质量。

图 1-29　混凝土喷射机

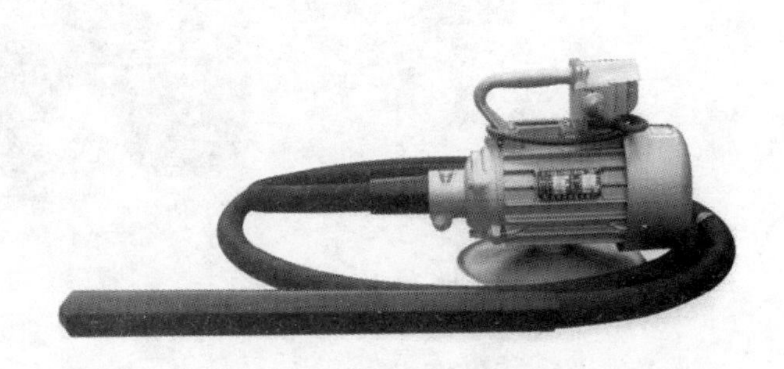

图 1-30　混凝土振动器

1.2.7　路面机械

1. 平整机

平整机，特别适用于带钢平整机及冷轧光整机（见图 1-31）。自动厚度控制油缸和伺服阀台上置式，伺服阀、蓄能器等液压元件安装在自动厚度控制油缸近旁；位于传动侧的工作辊存放架用螺栓安装在底座上，机架内的换辊轨道用螺栓和止口安装在弯辊装置上，位于操作侧的工作辊换辊小车安装于底座上的换辊小车轨道上。

图 1-31 平整机

2. 道砟清筛机

清除铁路道床污渣用的小型双边枕底清筛机(见图 1-32),它是以线路中心两侧对称安装,每侧均由挖掘、清筛、回填、走行与升降机构五部分组成,各成系统。两侧由主梁联板联结成一个整体,右侧挖掘成型链顺时针方向旋转,左侧挖掘成型链逆时针方向旋转。道砟清筛机的走行靠走行轮在轨枕两端的走行轨上滚动。道砟清筛机能减轻工人的劳动强度,提高清筛质量和劳动生产率,并可在繁忙的铁路线路上不封锁线路,即可进行清筛作业。

图 1-32 道砟清筛机

1.2.8 凿岩机械

1. 凿岩台车

凿岩台车由凿岩机、钻臂(凿岩机的承托、定位和推进机构)、钢结构的车架、走行机构以及其他必要的附属设备和根据工程需要添加的设备所组成(见图 1-33)。应用钻爆法开挖隧道时,为凿岩台车提供了有利的使用条件,凿岩台车和装渣设备的组合可加快施工速度、提高劳动生产率,并改善劳动条件。

图 1-33 凿岩台车

2. 凿岩机

凿岩机是用来直接开采石料的工具。它在岩层上钻凿出炮眼，以便放入炸药去炸开岩石，从而完成开采石料或其他石方工程。此外，凿岩机也可改作破坏器，用来破碎混凝土之类的坚硬层。凿岩机按其动力来源可分为风动凿岩机、内燃凿岩机、电动凿岩机和液压凿岩机等四类。风动凿岩机主要由气缸—活塞组件、配气装置、钢钎回转机构、操纵阀及冲洗—吹风机构等组成(见图 1-34)。风动凿岩机在操作时有用人手扶持的，称为手持式凿岩机；有利用气动支腿的，称为气腿式凿岩机；有利用气动柱架导轨的，称为柱架导轨式凿岩机；也有在一台车架上装有一至数只凿岩机的，称为凿岩台车。电动凿岩机是具有能产生较大冲击能量的锤击机构和连续或间隙转动的转钎机构，用于石方施工中钻凿炮眼的电动工具(见图 1-35)。内燃凿岩机是利用内燃机原理，通过汽油的燃爆力驱使活塞冲击钢钎，凿击岩石，适用于无电源、无气源的施工场地(见图 1-36)。

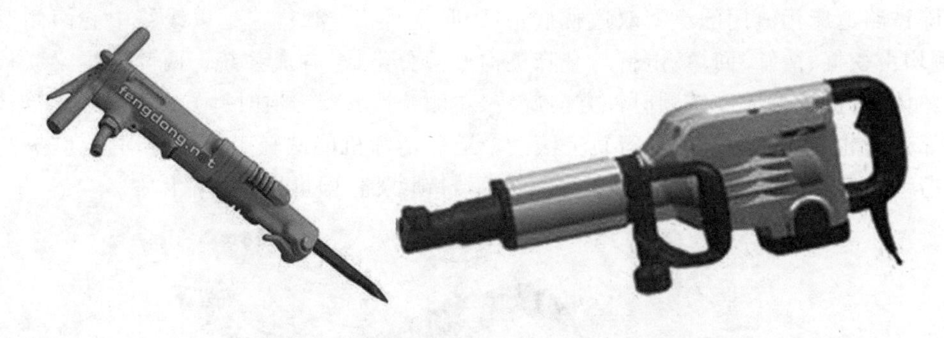

图 1-34　风动凿岩机　　　　图 1-35　电动凿岩机

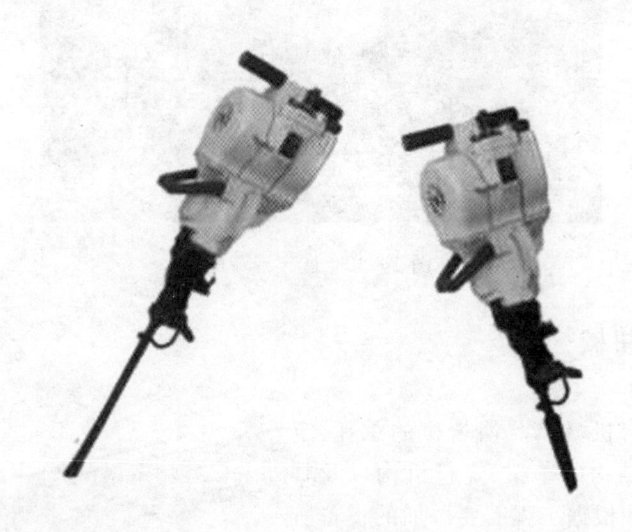

图 1-36　内燃凿岩机

3. 潜孔凿岩机

潜孔凿岩机(见图 1-37)用于在中硬以上的岩石中，钻凿直径 20 到 100 毫米，深度在 20 米以内的炮孔。

图 1-37 潜孔凿岩机

任务 2 工程机械管理在企业管理中的地位和作用

2.1 工程机械设备管理的重要性

自人类使用机械设备以来,就伴随着机械设备的管理工作,只是由于当时的机械设备比较简单,管理工作仅由操作者个人的经验来进行。随着工业生产的发展和科学技术的进步,机械设备的现代化水平不断提高,在现代化生产中的作用与影响日益扩大,机械设备管理工作才得到重视和发展,逐步形成为一门独立的机械设备管理科学。

在企业管理中,无论是生产型企业或施工型企业,设备管理都占有极其重要的地位,是企业管理的重要组成部分。随着技术进步、生产自动化程度的提高,生产过程对设备的依赖程度不断增加,因而,设备管理和企业的经营方针目标关系更加密切,企业生产的发展更要依靠设备装备水平的提高。设备综合管理(即设备管理工程)理论的提出实践,提高了人们对机械设备管理重要性的认识。

2.2 机械设备管理的意义

机械设备管理是保证企业进行生产和再生产的物质基础,也是现代化生产的基础。它标志着国家的现代化程度和科学技术水平。它对保证企业增加生产、确保产品质量、发展品种、产品更新换代和降低成本等,都具有十分重要的意义。

机械设备是工人为国家创造物质财富的重要劳动手段,是国家的宝贵财富,是进行现代化建设的物质技术基础。由此可见,搞好机械设备管理工作十分重要。搞好机械设备管理对一个企业来说,不仅是保证简单再生产必不可少的一个条件,而且对提高企业生产技术水平和产品质量,降低消耗,保护环境,保证安全生产,提高经济效益,推动国民经济持续、稳定、协调发展也有极为重要的意义。

改革开放以来,我国的公路建设与养护事业取得了飞速的发展,到 2015 年年底,全国公路总里程 457.73 万公里,公路养护里程 446.56 万公里,占公路总里程 97.6%。筑养路部门的工程机械装备率显著提高，这些机械设备的技术水平已接近发达国家的水平。我国高等级公路和高速公路路基、路面、桥涵、隧道施工基本实现机械化。只有加强工程机械管理，才能保证施工质量，提高作业效率，改善劳动条件，加快施工进度，确保安全生产，节约建筑材料，促进我国公路建设与养护事业快速发展，从而推动我国经济建设迅速发展。

任务3　我国工程机械设备综合管理发展过程

3.1　发展过程

20世纪50年代，我国引进苏联的计划预防维修制，结合中国国情制定了机械设备管理制度。但随着市场经济的发展，工程建设的机械化程度日益提高，传统的机械管理制度已适应不了时代的要求，日益显出它的局限性。20世纪80年代陆续引进“设备综合工程学”“后勤工程学”“全员生产维修”等现代机械设备管理科学，使我国工程机械设备管理进入现代化综合管理阶段。1987年7月，国务院发布《全民所有制工业交通企业设备管理条例》之后，我国的机械设备管理工作步入了改革发展的轨道，主要表现在以下几点：

(1)改变了旧的机械设备管理概念，开始设立新的机械设备综合管理概念。

(2)改变了过去以修理为主的模式，树立了修理与改造、更新相结合的概念。

(3)建立了多种形式的机械设备维修经济责任制。

(4)初步建立了机械设备预防维修制。

(5)学习推广了科学的管理方法和先进的修理技术。

(6)在全国范围内开展了机械设备管理评优活动。

3.2　管理现状

1992年6月，中国设备管理协会为纪念《全民所有制工业交通企业设备管理条例》发布5周年，撰文阐述了我国机械设备管理应该是“五权管理”的基本内容，即“全效益的管理目标、全过程的管理范围、全员工的管理组织、全手段的管理技术、全社会的管理循环”，明确地把我国机械设备综合管理确定为开放式社会循环系统。

1996年2月，原国家经贸委颁布了《“九五”全国设备管理工作纲要》，使我国的机械设备管理工作实现了根本转变，从计划经济走向了市场经济。其基本观点如下：

(1)适应《中华人民共和国国民经济和社会发展“九五“计划和2010年远景目标纲要》提出的实行两个具有全局意义的根本转变，即经济体制从传统的计划经济体制向社会主义市场经济体制转变；经济增长方式从粗放型向集约型转变，积极探索机械设备管理的新模式。

(2)坚持《全民所有制工业交通企业设备管理条例》提出的机械设备管理方针、原则和任务。坚持机械设备综合管理，不断提高投资效益和现代化管理水平。

(3)政府经济管理部门要把对企业机械设备管理工作的直接管理，转变为实行以法律、经济、行政等手段的间接管理；要把仅对工业交通企业的机械设备管理转变为对全社会机械设备资源的综合管理。

(4)企业实行自主经营，要建立行之有效的机械设备管理工作机制，形成资产—效益的良性循环，同时，要接受综合经济管理部门和专业管理部门的指导和监督。

(5)机械设备资产实行价值形态与实物形态相结合的管理,不同管理层次应有不同的侧重。作为国家资产管理部门要注重价值形态管理,作为企业特别是机械设备管理部门要以实物形态管理为重点。

(6)政府经济管理部门要积极培育机械设备维修市场、机械设备调剂市场、机械设备备品配件市场、机械设备租赁市场和机械设备技术信息市场等机械设备要素市场,大力规范机械设备要素市场,制定和完善市场规则,加强监督管理,逐步形成统一开放、竞争有序的市场体系。

任务4 工程机械管理机构、任务及岗位职责

4.1 国内工程机械管理体制与组织机构的设置原则

4.1.1 施工企业现行的机械管理体制

随着科学技术和经济建设的快速发展,施工企业由于生产技术的需要,对机械设备的依赖程度日益增加。在企业内,自动化设备与成套设备越来越多,从事设备工程和维修的人员逐渐增多。如何把为数众多的机械设备管理和维修人员组织起来高效率地工作,是一个非常重要的问题。

由于施工企业有点多、线长、面广、工种多样的特点,往往需要装备品种繁多的机械设备。因此,机械管理体制也不完全一致。目前股份公司整体的机械设备管理工作多采用股份公司、使用单位两级管理体制。

4.1.2 工程机械管理机构设置的原则

企业的任何一种组织机构的设置原则,都是以能高效地进行工作为主要目的。所以,企业机械设备管理机构也应遵循这一原则。

1. "五个结合"的原则

设计、制造与使用相结合,维护与设计检修相结合,修理、改造与更新相结合,专业管理与群众管理相结合,技术管理与经济管理相结合。

2. 统一领导,分级管理的原则

关于机械设备管理中的重大问题,如企业的发展规划、装备水平、设备引进与技术改造等问题,都应由企业高层管理机构集中进行领导决策。而机械设备的管、用、养、修、配等经常性的管理工作应由基层单位具体执行。

3. 精简、高效、节约的原则

提高各级工程机械管理人员的业务水平和管理能力,实行机械设备管理技术、经济责任制。根据任务的大小、繁简和难易程度,从有利于提高机构的办事效率入手,设置工程机械设备管理机构。

4. 合理分工、相互协作的原则

应根据具体的情况,在各级机械管理机构之间和内部进行合理的分工,明确职责范围,提高管理专业化程度。同时,在分工的基础上,各机构之间必须加强协作和相互配合。

5. 责、权、利统一的原则

在机构管理方案确定之后,在安排人员时,要坚持以德以能授职,要做到人尽其才,才尽其

用，尽可能做到职、责、权、利的统一。

4.2　工程机械管理机构的基本任务

4.2.1　主要任务

机械设备管理的主要任务是贯彻执行国家和行业有关的方针、政策、法规、办法，以资产经营为纽带，采取技术、经济、组织措施，对机械设备规划、选型、购置(设计、制造)、监造、安装、调试、验收、使用、保养、检修、改造、报废直至更新的全过程实行综合管理。保持良好技术状态，提高技术装备水平，充分发挥机械效能，取得最佳投资效益。做到优化配置、择优选购、正确使用、精心保养、安全运行、科学检修、适时改造和更新。优质、高效、低耗、安全地完成各项生产经营任务。

1.保持工程机械设备完好

通过正确使用、精心维护、适时检修，使机械设备保持完好状态，随时满足企业生产施工的需要，投入正常运行，完成工作任务。

2.改善和提高技术装备素质

技术装备素质是指在技术进步的条件下，技术装备适合企业生产和技术发展的内在品质。通常可以分为以下几项标准来衡量：

(1)工艺适用性；

(2)质量稳定性；

(3)运行可靠性；

(4)技术先进性(生产效率、原料与能耗、环境保护等)；

(5)机械化、自动化程度。

3.充分发挥机械设备效能

机械设备效能的含义不仅包含单位时间内生产能力的大小，也包括适应多种生产的能力。充分发挥机械设备效能的主要途径如下：

(1)合理选用技术装备和工艺规范，在保证质量的前提下，缩短生产时间，提高生产效率；

(2)通过技术改造与革新，提高设备的可靠性与维修性，减少停机时间，提高设备完好率；

(3)加强生产计划、维修计划的综合平衡，合理组织生产与维修，提高设备完好率和利用率。

4.取得良好的投资效益

机械设备投资效益是指设备一生的投入与产出之比。取得良好的机械设备效益，是提高以经济效益为中心的方针在设备管理工作中的体现，也是设备管理的出发点和落脚点。

提高机械设备投资效益的根本途径在于推行机械设备的综合管理。首先要有正确合理的投资决策，在进行充分市场调研的前提下，采用优化的机械设备购置方案。然后在机械设备寿命周期的各个阶段，一方面加强技术管理，保证机械设备在使用阶段充分发挥效能，创造出最佳的产品；另一方面加强经济管理，实现最经济的寿命周期支出。

4.2.2　具体任务

根据《全民所有制工业交通企业设备管理条例》规定："企业设备管理的主要任务是对设备进行综合管理，保持设备完好，不断改善和提高企业技术装备素质，充分发挥机械设备效能，取得良好的投资效益。”工程机械设备综合管理是企业机械设备管理的指导思想，也是完成工程机械设备管理任务的基本保证。结合公路施工与养护单位的实际情况，工程机械设备管理的具体任务如下：

(1)根据企业长远发展和年度生产经营的方针、目标，制定本单位的工程机械设备管理的工作目标和计划指标，层层分解落实到基层，推行岗位责任制，明确各级的工作任务，保证实现工程机械设备管理目标。

(2)贯彻执行国家和行业主管部门颁发的有关规章制度、规程规定、技术标准、定额指标等，结合本单位具体情况，制定实施细则和补充规定。

(3)不断改进和完善技术经济考核指标体系，重视经济核算和信息管理，应用现代化管理手段和先进技术，做好工程管理的基础工作。努力完成行业主管部门规定的和本单位制订的工程管理各项考核指标。

(4)采用新技术，对现有的工程机械设备进行有计划的更新和技术改造，以适应企业生产发展的需要，不断提高企业的专业水平。参与制订技术装备规划和更新改造规划。

(5)参与施工组织设计的编制、审查和实施。

(6)以生产中关键机械设备为重点，加强工程机械的设备管理，坚持预防维修、正确使用、精心维护、定期检查，采用适用的检测手段和诊断技术，开展机械设备故障的早期预测，及时采取措施，防患于未然，以减少停机而造成的审查损失。

(7)负责机械设备的选型、购置、验收、安装、调试、改造、更新、报废等项工作，并负责具体办理新购工程机械的索赔工作。

(8)运用寿命周期费用最优化的理论，从工程机械设备全寿命周期的各个阶段加以权衡，认真做好前期管理。在工程机械设备规划购置阶段，要进行可行性研究，既要经济合理地使用工程机械设备投资，又要注意在后期管理中降低使用维修费用，以实现寿命周期费用最优的目标。

(9)办理机械设备的调拨和日常调度工作以及对外工程机械租赁工作。

(10)进行单机成本核算，组织制定工程机械技术经济额度。

(11)建立机械设备台账及技术档案，掌握技术情况。对机械设备的管理、使用、维修等采用计算机管理，做好工程机械原始记录和使用统计资料的积累和分析。

(12)积极应用和推广现代化管理理论和方法，以提高工程机械设备管理水平和工作效率。对机械设备的管理、使用、维修等工作进行定期检查，不断总结推广先进经验。

(13)从实际出发，针对不同的生产条件和工程机械设备条件，采用不同的维修方式，在定期维修的基础上，逐步推行状态监测维修，努力提高维修质量与效率，结合施工的特点，充分利用生产空隙时间进行修理。保持机械设备的良好状态，延长工程机械使用寿命，降低维修成本。

(14)指导合理使用机械设备，降低能耗，保障安全生产，负责或参与与工程机械事故的分析与处理。

(15)把培养工程机械管理人才放在重要位置，有计划、有步骤地组织技术、业务培训，不断提高工程及管理人员、技术人员、维修人员及操作人员的素质。

(16)对工程机械技术工人进行技术培训和考核，管理、核发“工程机械操作证”。

4.3 岗位职责

4.3.1 各级主管机械工作领导的主要职责

(1)认真贯彻执行国家和上级有关机械管理的方针、政策和法规,掌握机械管理动态,处理机械工作中重大问题,组织督促检查机械工作。

(2)提出公司机械工作方针目标、工作要求并督促实施。

(3)检查监督机械固定资产基本折旧的计列,负责审查机械设备的购置、更新改造、大修理及保养计划并组织实施。

(4)负责健全本单位机械管理机构,配齐机械管理、技术人员和操作维修人员,并通过定期进行设备竞赛评比和岗位技术培训活动,不断提高机械技术人员的素质和机械管理水平。

(5)协调施工生产和设备维修保养的关系,组织机械人员合理使用和维修保养机械,建立岗位责任制,推广现代管理技术。

(6)对机械的安全生产负有领导责任,严禁违章指挥。对设备及相关生产人员的安全生产、环境保护、职业健康负责。

(7)主持机械事故的调查和处理。

(8)树立设备管理就是法人管理行为的意识,保证设备管理制度的切实落实。

4.3.2 机械工程师岗位职责

(1)严格按照公司颁发的机械设备各项管理制度,进行本项目机械设备的管理工作。

(2)负责本项目施工设备的管、养、修、算全过程的管理工作。组织项目部设备的配备、选型、鉴定、交验、安检、调拨、安装、报废等工作。

(3)配合项目相关部门对新上岗人员进行岗前技术培训和教育,对机械操作人员、特殊工种人员进行技术培训,确保持证上岗。

(4)参加本项目的生产会议,及时报告设备运行情况,了解和收集项目有关设备管理工作中的先进经验,做好总结推广和上报工作。

(5)对锅炉、压力容器、起重机械、运输车辆以及大型临时设施等严格按照国家有关规定和公司及有关文件规定做好检测、检查工作,确保安全运行。

(6)对本项目外租机械设备及协作队伍设备台账的建立健全,以及机械设备进场时的检查、验收、鉴定工作和日常安全检查工作。

4.3.3 机械管理部门的职责

1.股份公司物设部主要职责

(1)贯彻执行国家和上级颁布的各项机械管理制度,并结合公司的具体情况制定设备管理实施细则。

(2)周密制定设备采购计划,严禁无计划采购,逐步实现设备的招标采购。做好设备购置前的调研工作和自制设备的管理,按设备技术状况编制大修、更新、改造计划。

(3)审核“主要施工设备”的购置申请计划。根据企业规模和发展规划,确定设备总量及组成,通过更新、淘汰,保证必要的新度系数。

(4)负责股份公司的机械调拨和调剂。在施工组织过程中,优化设备配置,可利用自有、制造或租赁的方法,满足施工需要。

(5)建立健全设备管理机构,推行机电总工程师负责制。

(6)制定设备的管、用、养、修程序文件,并严格执行,使设备保持良好的技术状态。重点管理和监控股份公司所保有的“主要施工设备”(见附件1)的使用、保养和大修计划的落实。经常进行设备检查,及时总结经验表彰先进。

(7)逐步建立和推行机械租赁制度和大修设备的质量保证制度。

(8)参加重大及以上机械事故的调查与处理。

(9)收集和管理有关的机械技术资料,按时统计和汇总分析。

(10)参加股份公司的新产品开发和老旧设备的技术改造。

(11)负责内部技术人员的技术培训和股份公司内部或对外的技术交流和技术服务。

(12)负责机械设备方面职业健康安全、环境管理体系有效运行的监督管理。

2.使用单位物设部主要职责

(1)贯彻执行股份公司有关设备管理的方针、政策、条例和规定,并结合所辖工程实际情况制定本工程的机械设备管理办法。

(2)掌握设备性能,根据实施性合理配置设备资源。

(3)建立健全设备台账和技术档案,掌握设备的技术状况和使用情况。

(4)认真统计和记录设备运行、维修、保养、大修情况,保管好各种原始资料,做好统计分析工作,并及时填报各种报表。

(5)抓好设备的管、用、养、修工作,合理安排设备的维修费用,采用先进的维修方式,使设备经常处于完好状态。

(6)积极采用新技术、新工艺、新材料、新设备,推广先进的管理方法。

(7)做好新机验收和技术培训工作。

(8)及时处理设备故障和上报设备事故,参加事故的调查,落实处理结果。

(9)做好单机核算,开展经济分析,如实反映设备使用中存在的问题。

(10)制定或落实设备安全技术操作规程。

(11)做好设备退场前的整修工作。

(12)负责机械设备方面职业健康安全、环境管理体系的有效运行。

3.项目经理部主要职责

(1)根据工程任务量和施工工期,及时组织设备进场。

(2)按照工程特点,制定设备使用和配置计划,制定安全措施。

(3)监控设备的维修保养,并提供必要的资金。

(4)督促施工单位落实设备管理制度。

(5)有计划地安排设备的退场和退场前的整修工作。

学习情境 2 工程机械设备的经营管理

知识目标

1. 理解机械设备资源市场调查目的；
2. 掌握资源市场调查的内容。

能力目标

1. 进行资源市场调查；
2. 根据配置计划、购置计划、租赁计划，完成设备采购、租赁工作任务。

任务 1　机械设备的资源市场调查

1.1　资源市场调查的目的

企业在进入一个新的市场领域或在某一地区进行投标之前，应该派出信息敏感性强的专业人员和领导深入该地区，进行必要而有效的市场调查。其主要有两个目的：

(1)为预测提供导向信息。可通过市场宏观调查、建设市场调查、投标承包市场调查，以及工程机械的机种、机型市场保有量调查等，掌握一个地区的投资开发机会信息，为经营决策战略服务。

(2)为战术决策提供市场信息。可通过竞争对手调查以往市场工程报价资料，摸清欲投标标价水平，为制定投标策略和工程机械配备策略等服务。

1.2　市场调查的分类和内容

1. 宏观调查

宏观调查包括政治经济发展状况和前景调查、相关行业发展规则调查和建设市场调查。对于公路修建与养护企业而言，应着重调查交通运输状况，道路密度、历程和技术等构成，以及它们与经济发展适度制度；了解地形、地质、水文特征，工程技术难易程度；了解与本行业相关联的或接近的行业，如工业建设、农业建设、发展区建设、林业建设，林业开发和排水管道工程的发展空间或规划；通过各级、各地区公路主管部门公路规划和计划信息，收集建设市场的工程信息和相关的地方性法规及资料等。

2. 投标或承包市场调查

投标或承包市场调查相对于市场宏观调查，是一种微观性质的调查。它着眼于当前的市场动态围绕投标工程的竞争形势展开，其主要内容包括：

(1)竞争对手调查。

首先了解和分析有多少家公司参加本次投标。需搞清有多少家公司有投标资格,有多少家公司购买了标书,有多少家公司参加了现场考察,从而分析主要的竞争对手及其可能采取的策略。其次了解主要竞争对手的实力,包括拥有的工程机械、人力、资信,在建项目的数据以及任务的饱满程度等。

任务不饱满的公司,特别是在当地有即将完工的在建项目的承包商,可能是最有力的竞争对手;濒临倒闭的公司,为了求生存可能以低价争夺项目;新进入市场的外国公司也往往以低价竞标,以寻求立足机会;还有些公司采取联合体投标,增强竞争力。这些都是值得注意的动向。此外,通过对承包商的调查,特别是对当地小承包商的调查,可以为本公司寻求合作对象(包括分包)提供选择。

(2)以往报价资料调查。

竞争对手标价水平的调查是一项十分重要的工作。通过有合作意向的当地承包商或分包商,可以得到以往工程开标资料(历次投标者及总标价),在建工程的现场也往往标有承建单位和总标价,只要得到该工程各主要工程量和总标价就可粗略测算其标价水平。详细的报价资料(分项工程的单价表)则需通过各种渠道,从拥有资料的部门获得。在国外,有些国家合同文件和评标文件印发数量较大(多达20份),分送有关部门(如工程主管部门、招标机构、咨询监理机构、投资银行、政府投资管理部门等),获得资料的机会是比较多的。

(3)欲投标工程调查。

一方面要了解欲投标工程项目的投资主体的情况,包括资金来源、项目是否列入国家计划等,以应对市场的变化。另一方面要提出应在什么情况或条件下,应通过什么方式或方法来实施的原则意见。

1.3 技术装备规划的决策分析

工程机械新增或技术改造,需要占用大量的资金,如何有效使用机械设备资金,确保工程机械投资的顺利回收,是工程机械经营管理决策面临的首要问题。工程机械淘汰又是一个政策性较强的问题,究竟是以工程机械的物质寿命,还是技术寿命,或是经济寿命等为依据进行淘汰,它与企业的规模、机械装备结构和装备水平的关系非常密切,存在一个如何把握淘汰尺度的问题。这些问题如果处理不好,会使企业在经济上蒙受巨大损失,陷入被动的局面。

通过技术装备规划决策的"四性"分析,即可行性、必要性、适用性和法规性分析,来评价技术方案"能不能做"、"该不该做",以及"是否合用"和"是否合法"十分必要。依照评价结果,企业可以区分技术方案的优劣,决定技术方案的取舍。

技术装备规划决策分析的基本步骤和内容包括:

1.可行性分析与评价

可行性分析与评价是指机械的经济可行性分析与评价。通过工程机械的经济可行性分析,主要解决技术方案的资金来源和均衡使用,以及投资效益的问题。如果购机或工程机械技术改造方案没有资金的支持,一切都将成为空谈。如果有资金支持,但是达不到预期的投资效果,技术方案同样也不能实施。因为需要分析资金筹集或融通的渠道,分析资金使用的额度、期限和成本,以及企业的偿还能力和投资回收期的目标要求或规定等。企业应根据对符合条件的购机或工程机械技术改造方案的评价结果,指导技术方案的实施。

2. 必要性分析评价

必要性分析与评价，又称为常用性分析与评价，它所涉及的问题是工程施工企业有无必要自己配置某种机械设备，或有无必要采用自有工程机械的方式来满足施工生产需要。

必要性分析与评价应以工程机械中长期利用率的目标水平（一般应达到50%甚至60%以上），以及工程机械中长期利用率的预测结果（需根据工程机械年工作台班定额测算）为基本依据，结合企业技术装备的中长期战略目标中已经明确的未来从事的工程结构形式、装备结构调整的原则、施工方法及施工规模等资料数据综合考察技术方案，只有在经济上符合企业的长远利益时才称得上必要。

3. 适用性分析与评价

适用性分析与评价主要是指通过对工程机械进行全面的技术性能分析与评价，考察工程机械能否满足企业未来或当前施工生产需要的决策分析工作。其评价结果也是工程机械新增或技术改造，以及工程机械淘汰的依据。在进行分析与评价时应明确：

(1)明确机械设备的技术性能与工程结构形式或施工方案之间的匹配关系。

(2)明确机械设备的技术性能与施工作业环境之间的匹配关系。

(3)明确机械设备的技术性能与综合机械化组列之间的匹配关系。

(4)明确其他方面的匹配关系。如机型品牌的匹配应追求单一化，以便于工程机械维修、售后服务和技术改造等。

4. 法规性分析与评价

工程机械在工程施工中，应主要符合国家环境保护部门颁发的有关法规和规定。这在《公路工程国内招标文件范本》第五篇“技术规范”中，也有专门的限定。企业如果违反了这些规定，机械设备同样不能投入使用，即便可以采取一些补救措施，但对于像沥青混合料拌和设备这样的大型工程机械来说，如果想增加一套除尘设备的话，少则投入几十万元，多则花费上百万元。所以，法规性分析与评价也是一个必要的步骤。

1.4 技术装备规划的内容

公路修建与养护施工企业应在技术装备政策的指导下，根据未来施工形势的预测结果、“四性”评价结果，以及本企业技术装备结构的现状，制定出技术装备规划，以便在预订的时间内（一般以3～5年为宜）有目标、有步骤地使企业的技术装备结构和装备水平日趋合理化。

技术装备规划一般应包含以下三方面的内容：

(1)作出规划期内生产形势发展变化的预测，提出预计的生产能力目标。这是最主要的一项内容，是制定规划的最根本的依据。应明确主要的工程结构体系及年生产能力等指标，否则规划本身就变成无源之水、无本之木，丧失指导意义。

(2)分析现有技术装备结构的状况。这种分析除了研究装备结构本身内部配套关系及比例关系等情况以外，还要根据主要考核指标（完好率、利用率、效率、装备生产率等）的统计资料，运用统计分析的方法，找出在装备结构方面存在的主要问题，确定调整装备结构或提高其水平的要点。

(3)提出在规划期内分期分批新增、改造和淘汰的主要机械设备的方案。还应结合工程承包和机械设备租赁市场情况，作出工程机械租赁的安排。对关键工程机械应具体落实到机种、机型、数量、成新度和主要的技术性能指标等。

任务 2　机械设备的配置、采购

2.1　机械设备的配置

股份公司各新上工程根据实施性施工组织设计编制机械设备配置计划表(见表 2-1)上报股份公司物设部审核。在配置机械设备时,必须优先考虑公司或集团公司自有机械设备,遵循先内后外、经济实用、以内部调配或租赁为主、外部租赁为辅的原则。在集团公司或公司机械设备无法调剂时,方可考虑对外租赁机械设备。项目工程部应根据施工组织设计和项目施工进度安排,提出并编制项目主要机械设备需求计划表(见表 2-2),以满足施工生产、安全、节能、环保的需要。

表 2-1　机械设备配置计划表

单位：　　　　工地：　　　　日期：　年　月　日

序号	设备名称	规格型号	数量	设备来源				计划到场时间	股份公司物设部意见					备注
				已有	调拨	购置	租赁		已有	调拨	购置	租赁	合计	

专业公司(项目)经理：　　　　机电负责人：　　　　制表：

表 2-2　项目主要机械设备需求计划表

填报单位：　　　　　　　　　　分部/分部工程：　　　　　　　　填报日期：

序号	设备名称	型号规格	数量	计划进场时间	计划退场时间	计划使用费（万元）	使用工程部位

项目经理：　　　　　　　　　　总工程师：　　　　　　　　　　工程部：

2.2 机械设备的采购

加强机械设备的购置管理，确保设备资产增量的优化配置。机械设备购置坚持质量最优、价格最低、服务最好的方针，逐步形成公司设备整体配套与技术性能最优配置，使公司机械设备向专业化、高精尖方向发展。

(1)股份公司年度施工设备购置计划由股份公司董事会批准，在批准的额度和范围内采购。

(2)设备购置计划应写明设备型号、规格、数量、价格、拟用途等。

(3)在工程施工中由于各种原因导致现有设备满足不了施工需要时，由使用单位填写机械设备购置申请报告(见表 2-3)，由股份公司物设部确定调拨或新购，需新购的设备报总经理审批后由物设部下达购置通知。

(4)设备购置单位接到购置通知后组织采购，执行《设备采购办法》(见附件 2)。

(5)为统一机型、降低购置成本，确保产品质量，设备实行集中招标采购，做到公开、公平、公正。

(6)采购的设备必须是国家和行业定点生产的优质产品，严禁购置非定型或劣质、淘汰产品。采购前要对设备的可靠性、安全性、经济性、维修性、节能性、环保性、成套性、适应性进行评价。

表 2-3 机械设备购置报告单

编号： ZSGF/CX/SWB01-3

<table>
<tr><td>机械名称</td><td></td><td>规格、型号</td><td></td></tr>
<tr><td>生产厂家</td><td></td><td>计划价格</td><td></td></tr>
<tr><td colspan="4">购置说明：</td></tr>
<tr><td colspan="4">设备物资部：

年 月 日</td></tr>
<tr><td colspan="4">总经理审批：

年 月 日</td></tr>
<tr><td colspan="4">机械设备购置通知：

设备物资部
年 月 日</td></tr>
</table>

(7)设备采购必须严格按计划执行，严禁无计划购置，并杜绝“先斩后奏”现象的发生。

(8)购置或自制的设备，应有完善的技术资料和必要的维修配件，认真组织安装、调试。做好试用阶段和质保期间的评价工作，对照购置合同及技术标准逐项验收，发现问题及时用书面形式通知厂商，在索赔期内将问题解决。

(9)违规购置固资设备(不按采购程序、无购置报告或有报告没有批复)将按照有关文件对相关人员进行处罚。

(10)由于采购人员失职在采购过程中给企业造成损失的，损失额由采购人员全额赔偿；所购固定资产基础资料和必要的维修配件及维修工具缺失或不齐全，采购人员必须限期补齐，否则对参与采购的人员每人给予200元以上、5000元以下的罚款。

(11)主要机械设备或其他单台价格在50万元及以上的机械设备的购置，由公司向集团公司申报计划，经集团公司审批下达购置计划后，由公司设备购置小组负责选型及实施招标采购。

(12)机械设备的购置款由公司或各项目投资。机械设备购置按招(议)标办法进行。依据厂方的投标资料提供比选方案，经设备招标领导小组研究评审，确定中标厂家，经总经理批准后，实施洽谈合同条款等事宜。

(13)加大小型机械的管理力度，各施工单位一律禁止购置小型机械，所需小型机械由外协队伍或作业层实体自行配置。特殊情况确需配置的必须报公司工程部批准后方可购置。并在项目终结时，全部摊销完毕计入项目成本。

(14)新购置的机械设备进场安装、调试完毕后，由公司工程部和机械设备的使用单位共同与生产厂家一同进行验收。非标设备必须查验技术参数是否齐全，并列出详细的部件清单。"机械设备验证汇总清单"及"新机到达验收记录"均须按时上报公司工程部。

机械设备的购置程序为：首先根据施工需要，在公司内部无法调剂、经租的情况下，由使用单位上报购置申请，经公司工程部审核，分管生产副总经理会签，报请总经理批准下达购置计划后，由工程部组织购置或由工程部授权委托公司所属单位自行购置。机械设备购置必须严格按照组织程序公开招标。公司所属单位自行购置设备应接受公司工程部对设备选型、价格、性能、生产厂家等方面的指导和审定，设备的最终报价和生产厂家须经公司工程部审核批准。严禁公司所属单位无计划购置或"先斩后奏"购置机械设备。违者追究经理部主要领导的责任，对经理部处以购置款10%的罚款，党政正职每人1000元罚款，总会计师(财务负责人)500元，罚物机部长、机械主管和经办人各200元。项目终结时，一次摊销完计入工程成本，并负责将设备移交公司，由公司在内部或外部出售。

严禁经理部集资或管理人员以参股方式购置机械设备在公司内从事经营活动，违者罚经理部经理、书记各10000元。

任务3　机械设备的租赁

机械设备租赁包括设备的出租和外租，设备出租是运用市场经济的方式进行设备管理的手段之一，是落实企业资产经营责任制、盘活企业存量资产、提高设备使用效率、实现优化资源配置的重要措施。采取多种方式搞好设备资源的开发利用，最大限度地减少设备闲置造成的资源浪费。企业通过设备外租来解决资金短缺的难题，也可防止设备因技术更新招致淘汰的风险。

3.1 设备租赁原则及注意事项

(1)设备租赁优先在公司内部进行,也可在不影响公司施工生产的前提下对外租赁。设备租赁单位应积极开展优质服务,树立用户第一的思想。

(2)外租机械设备规格型号、技术性能要与上报的机械设备资料一致,并按公司批复意见执行,严禁用“以小充大”等方式提高设备租赁单价。

(3)项目部外租机械设备应遵循“公平、透明、性价比合理”的原则,租赁价格不得高于集团公司发布的机械设备租赁指导价。

(4)对于在一个项目连续租赁时间达 2 年及以上或租赁费达到机械设备原值的 80%以上的通用设备,建议由公司统一上报集团公司组织招标采购,确因资金不足可采取融资租赁方式与分期付款方式解决。确因不具备采购条件时,项目部租赁价格要采取阶梯式降低单价,降低机械设备租赁费用。

(5)对外出租必须经公司物设部审核,领导批准。经租的设备必须是二类及以上机况,出租或退租均以此为标准验收。租赁双方应签订租赁合同,明确出租及退租标准。

(6)严禁以租代管,设备承、租双方要严格遵守设备安全操作规程和保养规程,不得超负荷使用设备,确保设备安全生产。不允许租赁单位违章使用设备,出租方要派专人进行现场管理。发生安全事故设备租赁方要及时向出租方通报,双方本着实事求是的精神,认真分析事故,划定责任,承担相关损失。

(7)出租方有责任对使用单位人员进行培训,以保证设备得到正常使用和设备效能的正常发挥。

(8)出租方应成立由技术人员组成的设备检查组,携带检测工具、仪器、仪表,每月/季对出租设备进行机况检查、状态测试和完成任务的考核。承租方若有违反合同要求使用设备、不认真保养设备的,出租方可向上级设备主管部门反映,尽快解决问题。问题仍不解决的,可中止租赁合同。凡因合同内容、手续不全,造成设备资产损失的均要追究企业领导和主要责任人员的责任。

(9)若企业对设备的使用只是短期性的,或设备的通用性不强估计在以后利用率不高,租赁会节省投资费用时可考虑租赁,但租赁前应做好租赁的经济分析。

(10)各单位租赁设备时间超过 3 个月或租赁费超过 10 万元的,必须在租用前 15 日内将计划外租的设备型号、数量、租赁时间和费用报股份公司物设部审核,经领导审批后方可租用。办公车辆租赁执行《办公车辆管理办法》。

(11)各单位每半年一次将本单位的设备租赁情况统计表(见表 2-4)报股份公司物设部。

(12)不按程序私自租赁或向外出租设备,公司将对责任单位处以发生费用 10%～20%的罚款,并对责任单位负责人和机电总工分别处以发生费用 1%～5%的罚款。

(13)机械设备原则上都要实行有人租赁,对于发电机等备用设备确实需要进行无人租赁时,使用方必须严格按照设备安全操作规程、使用说明书的要求正确使用、保养和操作设备,并按期更换各种润滑油料,安排具有相关操作资格人员操作设备,并及时记录和掌握设备的使用状况。

3.2 设备租赁台班计算及台班费构成

(1)租赁期间,以 8 小时为 1 台班(其中包括整备和试运转时间),不足 8 小时超过 4 小时计 1 台班,不足 4 小时按 0.5 台班计算。

(2)带人租赁方式按实际工作台班计,但每天 24 小时内不能超过 3 台班;如果设备间断性作业,工作台班按累计时间计算,但每天 24 小时内不能低于 1 台班。

(3)因供方原因(设备故障、定期保养和修理等)造成停机不计台班费。

(4)因需方原因(工程事故)或自然灾害造成停机的计停机台班。

(5)不带人租赁方式无论设备工作与否或者工作多少台班,均按 1 台班/天×日历天数计算台班。

(6)租赁费用由承租双方协商签订租赁协议,租赁方式由双方协商,可采用台班、实物工作量等多种方式。若采用台班费计算,可参考如下台班费用构成:

①台班费构成。

a. 基本折旧费:机械原值×0.97÷耐用总台班;

b. 大修理费:大修单价×(大修周期－1)÷耐用总台班;

c. 经常修理费:大修理费×K(经修系数,有关取值见学习情境 4 中表 4－14 部分施工设备大修指导单价表);

d. 辅助设施、安拆及进场费;

e. 人工费(带人经租的);

f. 燃料、动力消耗费;

g. 养路、运营、保险费;

h. 管理费(按 a～d 项之和的 10%计算。不带人经租时,c～d 项费用不计入);

i. 贷款利息(指贷款购置的设备);

j. 增值税(按国家税收政策执行)。

②停机台班费＝(基本折旧＋大修理费＋管理费)×35%＋人工费。

③不带司机经租,原则上按基本折旧＋大修理费＋管理费(按 a～b 项之和的 10%)三部分收取,其他费用由需方承担。

④对外租赁可随行就市,执行市场价。

⑤外租设备必须签订条款严密的租赁合同。各单位可根据合同法制定相应的设备租赁合同范本,规范租赁管理。

3.3 租期计算

(1)租赁设备从出租单位起运开始,至退租运回单位止为租期。

(2)进、退场往返途中按每天 1 个停机台班计算。

(3)进、退场费用双方在合同中约定。

项目部必须充分调查项目所在地机械设备租赁市场价格,根据调查情况填写项目机械设备租赁计划审批表,经项目生产副经理或总工程师审核、项目经理签字后报公司设备物资部审批,批准后方可办理机械设备租赁手续。

表2-4　设备租赁情况统计表

填报单位：　　　　　　　　　　　　　　　　　　　　　　　　日期：　　年　月　日

序号	设备名称	单价（元/天）	使用时间（天）	合计（元）	使用工点	出租方（承租方）	合同编号	备注

专业公司（项目）经理：　　　　　　　　　机电负责人：　　　　　　　　　制表：

3.4　租赁合同管理

机械设备租赁合同签订时，双方应按照“平等自愿、协商一致”的原则，在机械设备租赁进场前完成租赁合同的洽谈与签订工作，严禁先使用后申请或先使用后签订合同，避免手续不完善而发生纠纷。

机械设备租赁合同必须使用集团公司下发的机械设备租赁合同范本，并履行项目部及公司两级评审制度。合同先由项目物资设备部组织工程经济部、安全质量部、工程技术部、财务部、生产副经理或总工程师评审，项目经理签字后上报公司设备物资部组织评审，经公司分管领导审批后由公司签订。正式签订合同前必须根据公司评审意见修改合同。

机械设备租赁供方应提供以下资料：

（1）项目部应保留出租单位营业执照、安全许可证、组织机构代码、作业人员资格证、设备使用许可证、产品质量合格证以及对出租单位供方评价记录等文件。

(2)租赁特种设备时,必须要求出租方提供安全技术规范及设计文件、产品质量合格证、安装及拆除方案、监督检验证明文件及主要总成部件检验合格证等资料。

(3)进场的租赁设备,机械设备租赁供方和操作司机之间必须有劳动合同关系,或劳务派遣关系。

3.5 机械设备租赁结算管理

机械设备租赁使用完后,项目部设备管理人员应及时下达退租通知书,并办理结算手续。“项目机械设备租赁费结算审批单”(见表2-5)要以“项目机械设备租赁现场签认单”(见表2-6)和设备租赁合同为依据,认真填写并注明需要扣款或增加款项的原因和金额。经项目物资设备部、安全质量部、工程技术部、财务部、生产副经理或总工程师审核,项目经理签字后上报公司组织评审,经公司分管领导审批同意后由公司负责结算租费。

表2-5 项目机械设备租赁费结算审批单

日期:

项目名称________________ 外租供方________________

<table>
<tr><td>设备名称</td><td>规格型号</td><td>设备编号</td><td>租赁单价</td><td>完成工作量/作业项目</td><td>进出场费/安拆费(元)</td><td>结算数量</td><td>本次签认起止时间</td><td>扣款项目及金额</td><td>租费金额(元)</td><td>末次结算(是/否)</td></tr>
<tr><td></td><td></td><td></td><td></td><td></td><td></td><td></td><td></td><td></td><td></td><td></td></tr>
<tr><td></td><td></td><td></td><td></td><td></td><td></td><td></td><td></td><td></td><td></td><td></td></tr>
<tr><td></td><td></td><td></td><td></td><td></td><td></td><td></td><td></td><td></td><td></td><td></td></tr>
<tr><td></td><td></td><td></td><td></td><td></td><td></td><td></td><td></td><td></td><td></td><td></td></tr>
<tr><td></td><td></td><td></td><td></td><td></td><td></td><td></td><td></td><td></td><td></td><td></td></tr>
<tr><td colspan="4">合　计</td><td></td><td></td><td></td><td></td><td></td><td></td><td></td></tr>
<tr><td colspan="11">应付租赁费总额:　　元(大写:　　)</td></tr>
<tr><td rowspan="3" colspan="2">项目部</td><td colspan="2">设备负责人</td><td colspan="2"></td><td colspan="3">物资负责人</td><td colspan="2"></td></tr>
<tr><td colspan="2">工程负责人</td><td colspan="2"></td><td colspan="3">安质负责人</td><td colspan="2"></td></tr>
<tr><td colspan="2">劳资负责人</td><td colspan="2"></td><td colspan="3">财务负责人</td><td colspan="2"></td></tr>
<tr><td colspan="2">项目经理</td><td colspan="9">(签章、日期)</td></tr>
<tr><td colspan="2">公司设备管理部意见</td><td colspan="9"></td></tr>
</table>

表2-6　项目机械设备租赁现场签认单

设备名称__________　规格型号__________　项目名称__________

设备编号__________　设备牌照__________　外租供方__________

日期	开始时间	结束时间	运转小时/公里	完成工作量	主要工作	施工工号	添加燃油（L）	有权签认人签认
1								
2								
3								
4								
5								
6								
7								
8								
9								
10								
11								
12								
13								
14								
15								
16								
17								
18								
19								
20								
21								
22								
23								
24								
25								
26								

续表 2-6

日期	开始时间	结束时间	运转小时/公里	完成工作量	主要工作	施工工号	添加燃油(L)	有权签认人签认
27								
28								
29								
30								
31								
合计								
单机消耗盈亏								

总工程师或生产副经理：　　　　项目设备负责人：　　　　外租供方：

注：1.本签认单作为双方租费结算的现场签认依据，与外租设备租赁费结算单共同使用，应据实每日签认，不得后补，签认后不得更改，否则签认无效。

2.外租设备完成工作量由项目技术主管复核签认，外租设备使用时间由项目设备主管复核签认。

3.“运转小时”是指机械设备工作计时器上反映的发动机运转工作小时；“运行公里”是指机动车辆路码表器上反映的车辆运行公里数。

4.本签认单由出租方现场负责人保管，月末交项目设备主管汇总，单机盈亏由项目设备主管进行核算。

5.本签认单一式两份，承租方与出租方各持一份，妥善保管，丢失自负。

(1)项目部外租机械租费末次结算前，要组织对机械设备租赁供方使用的材料、施工安全、质量与人员管理等考核奖罚情况进行清算，在末次结算中一并结清；结算单要注明“末次”结算字样，并经机械设备租赁供方负责人或委托代理人签字确认。

(2)外租机械租费结算应严格执行“四不结算、三不付款”制度。“四不结算”即没有合同的不结算，租赁期限、台班数量及工作量超出合同没有补充依据的不结算，超出合同单价未修订的不结算，不符合设备租赁管理规定的不结算；“三不付款”即结算未经批准的不付款、结算签认手续不完备的不付款、结算依据不明确的不付款。

(3)租赁费支付必须通过银行转账方式，转到合同指定的账户。

(4)项目机械管理部要根据“项目机械设备租赁现场签认单”进行汇总统计，依据统计表做好“项目租赁机械设备单机核算表”(见表2-7)，核算要做到时效性及数据准确性。

(5)签认单作为双方租费结算的现场签认依据，应据实每日签认。

(6)设备租赁完成工作量需由项目总工程师复核签认，设备租赁使用时间和当月单机消耗由项目设备管理人员复核签认。

(7)签认单由出租方现场负责人保管，月末交由项目设备管理人员汇总后进行机械设备单机核算。

表 2－7　项目租赁机械设备(月)单机核算表

项目：　　　　　　　　　　　　　　　　　日期：

序号	机械名称	规格型号	使用时间	租赁费	油料费	进退场费	停工费	其他费用	小计

机械工程师：　　　　　　　　　　　　　　物设部：

生产副经理：　　　　　　　　　　　　　　项目经理：

租赁费收方结算流程见图 2－1、表 2－8。

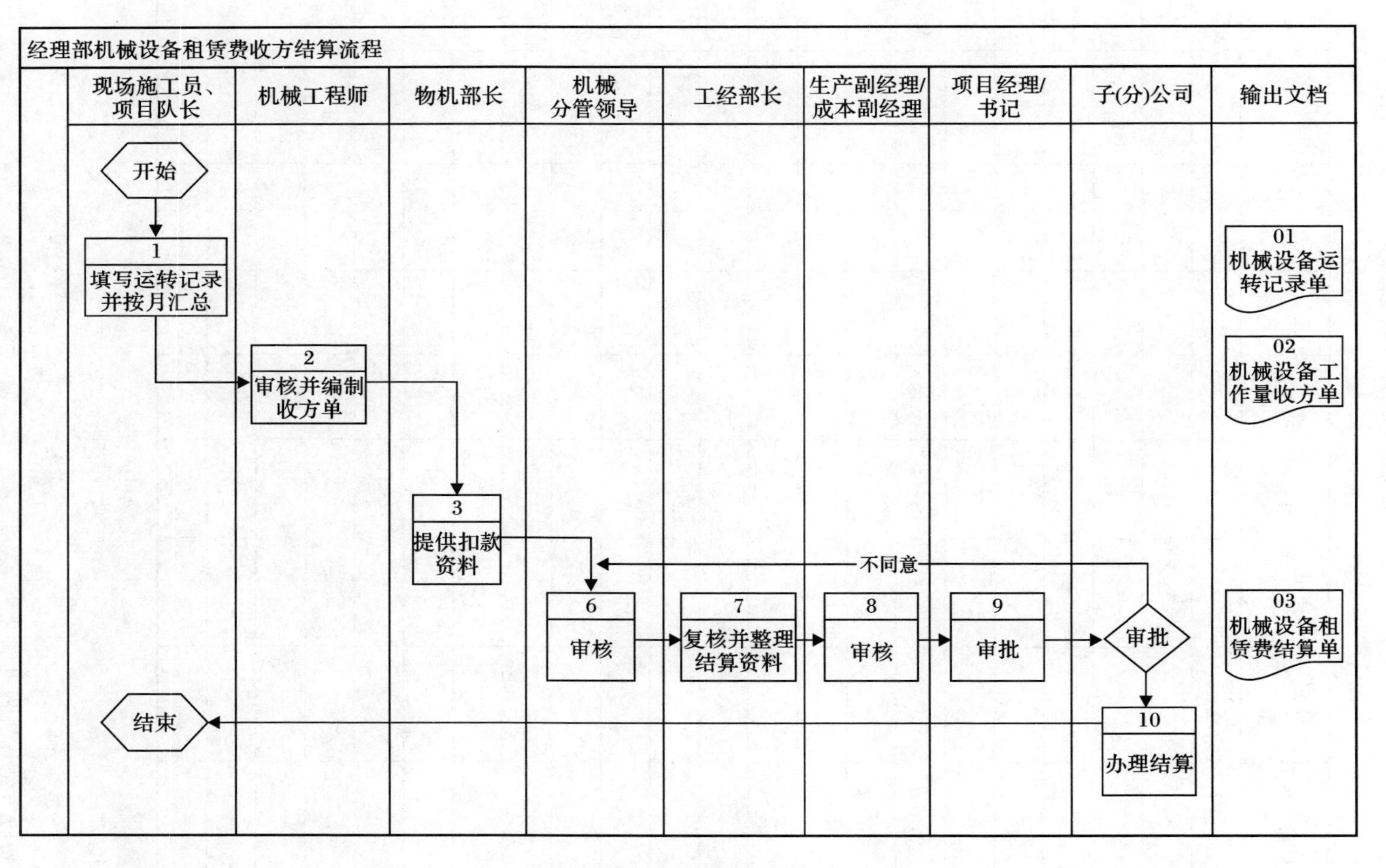

图2-1 机械设备租赁费收方结算流程

表2-8 项目经理部机械设备租赁费收方结算流程说明

编号	流程步骤	责任部门/责任人	流程步骤描述	完成时间	输出文档	备注
	流程总说明:机械设备租赁费收方结算流程责任部门:物机部主责,工经部配合。 本流程共有9个步骤,其目的是规范机械设备租赁费收方结算流程,本流程始于现场施工员填写机械运转记录并与出租方签认,物机部审核并编制机械设备工作量收方单,工经部据此办理租费结算单,经项目经理审批后报子(分)公司审批。					
1	填写运转记录并按月汇总	现场施工员/项目队长	每日根据机械设备派遣单与实际施工内容、机械实际运转情况,填写机械设备运转记录单,并在每月25日前,整理汇总完成管段内所有机械设备的当月运转记录表(分机械设备进行统计汇总),现场施工人员和项目队长分别签字确认	每天即时	机械设备运转记录表	
2	审核并编制收方单	机械工程师	对照机械运转记录和燃油加油记录单,对现场施工员或项目队长统计汇总的机械设备运转记录进行审核,并对照租赁合同,编制机械设备当月工作量收方单	收到汇总表1天内或在每月25日前	机械设备工作量收方单	
3	提供扣款资料	物机部长	对照机械设备运转记录和燃油加油汇总表,核算机械设备当月油耗情况,并根据节超情况,及时向工经部提供有关扣款数据及相关支持材料	每月25日前		
4	审核	机械分管领导	审核机械设备当月工作量收方单和燃油扣款数据,并签字确认	每月26日前		
5	复核并办理结算	工经部长	复核机械工程师和物机部长提供的租赁机械设备当月工作量收方单和燃油消耗核算单,编制租赁机械设备当月租费结算单并签字	每月27日前	机械设备租赁费结算单	
6	审核	生产副经理/成本副经理	审核机械费用结算单,重点关注机械台班当月运转记录与收方数量的一致性、油耗与签认台班的匹配性、扣款的合理性、准确性等	及时		
7	审批	项目经理/书记	审批机械设备租费结算单,并由工经部长负责按程序报公司审批	及时		

续表 2-8

编号	流程步骤	责任部门/责任人	流程步骤描述	完成时间	输出文档	备注
8	审批	子(分)公司	公司主管部门负责审核批准，并及时反馈审批意见	3天		工经部根据审批结果，修订完善结算单，并建立台账
9	结算	子(分)公司	经分管领导审批后，由公司办理结算	2天		

3.6 机械设备外部租赁的程序

(1)先由项目部根据施工生产的要求(使用时间超过15天)，结合公司内部租赁的设备状况，提出需要外租机械设备(设备的名称、数量、型号、价格、租用期、租用单位)的租赁报告报公司工程部，工程指挥车须向公司办公室申请。经公司批准后，方可实行租赁。在租用期间，经理部应每季上报设备的租赁费用，进、出场时间的报表。严禁各经理部无计划、无审批手续外租机械设备，否则每台套罚经理、书记各1000元、物机部长500元、机械主管500元。

(2)各项目经理部必须严格按照公司审批的单价租赁设备，租赁单价不得高出公司审批价格(指导价)(见表2-9)，如有违反则将由项目经理承担高出部分的40%，书记及经办人各承担30%，项目上无书记，则由项目经理承担高出部分的60%，经办人承担40%。

(3)项目经理部的外租设备必须以月租形式租赁，严禁以台班形式租赁，否则每台套罚经理、书记各200元、物机部长100元、机械主管100元。

(4)外租设备必须以正规发票的形式结算，不得以结算单的形式结算。

(5)外租设备合同严禁出现违约滞纳金条款，否则发生的损失由项目经理承担损失部分的40%，书记及经办人各承担30%，项目上无书记，则由项目经理承担损失部分的60%，经办人承担40%。

(6)外租设备租赁合同中要注明因自然灾害而造成的设备损坏或人员伤亡由出租单位承担，承租单位一律不承担任何责任，否则造成的后果由项目经理部自行负责。

(7)严禁项目经理部替协作队伍提供设备租赁担保，否则发生的损失由项目经理承担损失部分的40%，书记及经办人各承担30%，项目上无书记，则由项目经理承担损失部分的60%，经办人承担40%。

(8)项目部租赁的机械设备型号规格、租赁单价要与上报公司工程部的内容相符合，如查出以小吨位设备统当大吨位设备等类似情况，每发现一例由项目经理承担损失部分的40%，书记及经办人各承担30%，项目上无书记，则由项目经理承担损失部分的60%，经办人承担40%。

(9)任何协作队伍使用经理部的机械设备或施工用电，根据劳务合同扣款，否则造成的损失由项目经理承担损失部分的40%，书记及经办人各承担30%，项目上无书记，则由项目经理承担损失部分的60%，经办人承担40%。

表 2-9 ××集团有限公司 2014 年下半年机械设备租赁指导价

序号	设备名称	规格	单位	东北地区	华北地区	华东地区	华中地区	华南地区	西南地区	西北地区	备注
1	履带挖掘机	$1.5m^3$、$1.6m^3$	元/月	50000	50000	50000	50000	50000	50000	50000	租赁方负责主油(柴油),出租方负责1个司机工资及保养维修费用
2	推土机	220PS	元/月	26000	26000	26000	26000	26000	26000	26000	
3	振动压路机	18T	元/月	17000	16000	16000	16000	16000	16000	17000	
4	振动打桩锤	DZ60	元/月	15000	15000	15000	15000	15000	15000	15000	
5	装载机	ZL30	元/月	12000	12000	12000	12000	12000	12000	12000	
6	平地机	160PS	元/月	21000	21000	21000	21000	21000	21000	21000	
7	汽车起重机	50T	元/月	48000	48000	48000	48000	48000	48000	48000	
8	轮胎式起重机	20T	元/月	25000	24000	24000	24000	24000	24000	24000	
9	随车吊机	6T	元/月	21000	21000	21000	21000	21000	21000	21000	
10	混凝土搅拌站	$60m^3/h$及以上	元/立方米	23	23	23	23	23	23	23	水电油费由租赁方承担,电子计量,出租方负责2个司机工资及保养维修费用,含一台5吨装载机
11	混凝土输送车	$11\sim12m^3$	元/月	25000	24000	24000	24000	24000	24000	25000	
12	混凝土泵车	48m	元/月	100000	100000	100000	100000	100000	100000	100000	租赁方负责燃油(柴油),出租方负责1个司机工资及保养维修费用
13	车载泵	HBT120	元/月	50000	50000	50000	50000	50000	50000	50000	出租方负责机械运行、维修、操作、进出场所有费用,出租方负责1名司机工资及100m泵管费用

续表 2-9

序号	设备名称	规格	单位	东北地区	华北地区	华东地区	华中地区	华南地区	西南地区	西北地区	备注
14	电动混凝土泵	HBT60	元/月	20000	20000	20000	20000	20000	20000	20000	出租方负责机械运行、维修、操作、进出场所有费用，出租方负责 1 名司机工资及 200m 泵管费用
15	柴油混凝土泵	HBT80	元/月	33000	33000	33000	33000	33000	33000	33000	
16	布料机	HGY-24	元/月	11000	11000	11000	11000	11000	11000	11000	出租方负责 1 名司机工资
17	发电机	100KW	元/月	3000	3000	3000	3000	3000	3000	3000	租赁方负责主油（柴油），出租方负责保养维修费用
18	洒水车	$20m^3$	元/月	17000	16000	16000	16000	16000	16000	16000	租赁方负责主油（柴油），出租方负责司机工资及保养维修费用
19	沥青拌合站	进口 3000-4000 型	元/吨	14	12	12	12	13	13	15	
20	稳定土拌合站	600T/H	元/月	45000	40000	40000	40000	40000	40000	40000	
21	双钢轮压路机	进口 11～14 吨	元/月	38000	37000	35000	37000	40000	40000	40000	租赁方负责主油（柴油），出租方负责 1 个司机工资及保养维修费用

说明：

1. 按月计价限价中包含除燃油以外的所有费用，按量计价限价中含燃油费。本单价含出租方提供普通发票。
2. 每台设备配备的操作司机必须符合项目施工要求，即按月计价租赁时间以每天工作 24 小时计，不得限时使用。
3. 西藏、青海、新疆地区可在指导价的基础上上浮 15%以内。
4. 设备进出场费根据租赁时间和工作量大小具体协商。
5. 拼装式设备安装拆除费用另行约定。

学习情境 3

工程机械设备资产、信息管理

知识目标

1. 理解固定资产的概念、固定资产的范围、设备台账、设备资产效益管理的含义；
2. 熟悉机械设备履历书的主要内容；
3. 掌握固定资产的折旧方法，机械设备管理号码的编制方法，设备的处置报废流程。

能力目标

1. 能依据相关规定，采取相应的折旧方法计算机械设备的摊销额；
2. 会填写登记各种设备台账；
3. 会进行机械设备的单机核算。

任务 1　机械设备固定资产管理

1.1　固定资产的管理范围

基建工程使用并按规定手续组成固定资产的施工设备及附属设备(但不包括基建工程本身安装的设备、施工生产用的仪器、仪表及文教、卫生、公安、生活、科研等部门的专用设备和机具)均属于固定资产的管理范围。

1.2　固定资产的组成

(1)固定资产机械设备应具有两个基本条件：使用期限在一年以上的；单机价值在 2000 元以上的。

虽具有以上两个基本条件，但不需要组成固定资产的施工设备及附属设备按小型机具(见表 3-1)进行管理，执行《小型机具管理办法》(见附件 3)。下列机具，不论其单价是否超过 2000 元，也应作为小型机具建账管理，但其购置、修理等费用均在工程材料费中列支，一次性摊入成本，范围如下：①手持式凿岩机；②手持式电动、风动、内燃工具及其他工具；③振捣器；④蛙式打夯机；⑤4kW 及以下内燃发电机组；⑥电动机；⑦启动器；⑧500T 及以下千斤顶；⑨水磨石机；⑩台式钻床；⑪砂轮机；⑫气焊设备；⑬5T 以下电动葫芦；⑭模板台车。

表3-1 小型机具明细表

序号	机械名称	型号规格	序号	机械名称	型号规格
1	电动葫芦	5T及以上	23	混凝土摊铺机	全 部
2	灰浆、砂浆、混凝土拌合机	750L及以下	24	发电机	5 kW至30 kW
3	配料机	HPD1200及以下	25	混凝土喷射机	全 部
4	钢筋加工机械	切、焊、弯、调直	26	夯实机	全 部
5	木工圆锯	全 部	27	高、低压配电盘	全 部
6	木工刨床	全 部	28	弯管机	全 部
7	通风机	22kW及以下	29	液压测试仪	全 部
8	机动翻斗车	1t及以下	30	振动筛	全 部
9	农用汽车*	2t及以下	31	磨砂机	全 部
10	交、直流电焊机	全 部	32	洗砂机	全 部
11	电动抽水机	全 部	33	高压计量箱	全 部
12	电动卷扬机	3t及以下	34	电力补偿器	全 部
13	空压机	$3m^3$/min及以下	35	注浆机	中小型
14	充电机	50A及以下	36	滤油机	全 部
15	千斤顶	500T以上	37	加油机	全部
16	实验仪器	各 种	38	清洗机	各 种
17	梭矿	$6m^3$及以下	39	皮带输送机	全 部
18	泵 站	各 种	40	电力变压器	50 kVA及以下
19	碎石机	全 部	41	砂浆车	
20	混凝土整平机	全 部	42	管片车	
21	混凝土刻纹机	全 部	43	碴车	
22	混凝土切割机	全 部			

*“农用汽车”指1991年机械工业出版社《机械产品目录》第1册中“农用运输车”所包括的四轮车辆。

(2)固定资产组成价值包括购置价款、运杂费、途中保险费、安装调试费、技术改造费、进口设备附加税、手续费、关税、港杂费及配套装置等直接用于购置的费用。自制设备则为建造过程中实际发生的全部支出。

(3)盾构机、TBM只对主机、后配套拖车及其辅助设备的购置费用(包括进口设备的合同到岸价与关税、港杂费、商检费、银行手续费和自主配套设备的费用)、港口到国内组装工厂前的运输费用、国内工厂组装调试费用进行组资。盾构机、TBM的组资由专设的合同执行小组将相关资料上报公司物设部、财务部进行。

(4)经批准购置的机械设备到达后，接收单位应立即组织物设、财务部门人员以及管理和使用人员等进行验收，填写“新机械设备到达通知单”(见表3-2)和“新建新造固定资产验收交接记录”(见表3-3)并在30日内完成固定资产组资手续上报股份公司物设部、财务部。在使用三个月后填写“新机械设备技术鉴定表”(见表3-4)报股份公司物设部。

表3-2 新机械(二手、自制、技术改造)设备到达通知单

机械名称： ZSGF/CX/SWB01-4

<table>
<tr><td rowspan="7">原动机</td><td>型号规格</td><td></td><td rowspan="5">工作机</td><td>型号规格</td><td></td><td>资产编号</td><td></td></tr>
<tr><td>功　　率</td><td></td><td>厂　　牌</td><td></td><td>机械来源</td><td></td></tr>
<tr><td>转　　速</td><td></td><td>出厂年月</td><td></td><td>发送单位</td><td></td></tr>
<tr><td>厂　　牌</td><td></td><td>出厂号码</td><td></td><td>到达单位</td><td></td></tr>
<tr><td>出厂号码</td><td></td><td></td><td></td><td>到达日期</td><td></td></tr>
<tr><td rowspan="2">缸数×缸径×冲程</td><td rowspan="2"></td><td colspan="2">机械价值</td><td></td><td rowspan="2">外形尺寸</td><td rowspan="2"></td></tr>
<tr><td colspan="2">整机重量</td><td></td></tr>
<tr><td colspan="8">说明机械状况：</td></tr>
<tr><td colspan="8">技术资料：</td></tr>
<tr><td colspan="8">随机附属机械设备及工具</td></tr>
</table>

名称	单位	数量	名称	单位	数量	名称	单位	数量

填报单位： 机电负责人： 填报人： 年 月 日

说明：购置类别：依照新购设备、二手设备、自制和技术改造设备等不同类别据实填写。

表 3－3　新建新造固定资产验收交接记录

单位名称＿＿＿＿＿＿＿＿　　　　　　　　　　　　　　　　＿＿＿＿年＿＿月＿＿日

移交单位						接收单位				
名称		型号		附属设备（建筑）及主要附属件						
规格		计量单位		数量		名称	规格	建造厂 建造编号	数量	单价
建造单位		建造年月 建造编号		合同号						
主要技术特征										
总价		其中	工程费	设备费	其他					
验收后登记号		保管使用单位		预计使用年限						
验收意见						验收委员会成员签章		附属技术资料		
						验收日期 年　月　日				

表3-4 新机械设备技术鉴定表

编号： ZSGF/CX/SWB01-5

<table>
<tr><td>单位</td><td></td><td>工地</td><td></td></tr>
<tr><td>机械名称</td><td></td><td>规格型号</td><td></td></tr>
<tr><td>到场时间</td><td>年 月 日</td><td>使用时间</td><td>月 日— 月 日</td></tr>
<tr><td colspan="4">主要技术参数</td></tr>
<tr><td></td><td></td><td></td><td></td></tr>
<tr><td></td><td></td><td></td><td></td></tr>
<tr><td></td><td></td><td></td><td></td></tr>
<tr><td colspan="4">使用状况及效果：</td></tr>
<tr><td colspan="4">使用及保养情况：</td></tr>
<tr><td colspan="4">售后服务及配件供应情况：</td></tr>
<tr><td colspan="4">鉴定意见：

鉴定人员：</td></tr>
</table>

专业公司(项目)经理： 机电负责人： 年 月 日

注：鉴定人员应由三人或三人以上人员组成。

(5)符合组成固定资产条件的自制设备应及时办理组资手续。组资时应附有内部收据或结算单、质量检验合格证等，其折旧年限暂规定为5年。其他参照上述(4)程序办理。

(6)新购设备已经到达，但因发票未到时，可以依照合同价格进行预组资，今后价格如有变动，重新调整固定资产的价格。

(7)设备(经批准)进行技术改造后,由设备保管单位提出申请,报股份公司物设部审批,办理固定资产增值手续,其折旧年限暂规定为5年,同时撤销原管理号,重新下达管理号。

(8)二手设备组资时,应尽可能取得原发票或发票复印件,由主管领导和物设、财务部门人员组成鉴定小组进行机况鉴定,确定新度(比照同类新机确定剩余折旧年限,核算出折旧率,以便在剩余年限内提完折旧);同时填报"机械设备到达通知单"和"新建新造固定资产交接记录"(注明其新度、折旧年限和折旧率等)报股份公司物设部,统一下达管理号。

(9)抵债进来的设备,依据双方合同、协议或司法终审判决文件组成固定资产,按上述(4)程序办理。

(10)抵债出去的设备,依据双方合同、协议或司法终审判决文件报股份公司物设部及集团公司物设部,履行固定资产(管理号码)消账程序。

(11)不能在规定时间内完成组资并不能说明原因的,将给予责任单位处以500元以上,2000元以下的罚款并限期完成组资,否则加倍处罚。

任务2　机械设备管理号码、台账、履历书

2.1　机械设备管理号码

(1)机械设备组成固定资产后,均须申请管理号码。管理号码编制按机械设备管理权限由集团公司或子(分)公司编制。新购机械设备由接收单位将"新机到达通知书"报送子(分)公司设备物资部,经审核后,编制管理号码。除集团公司和子公司之外的单位均不可编制管理号码。

(2)机械设备管理号码采用11位阿拉伯数字编制。第一位至第三位数字为机械设备代码;第四位到第七位数字则为机械设备的流水号(见表3-5、表3-6);第八位到第九位为集团公司在股份公司的编号;第十位到第十一位为各公司设备编号识别码。如:101-0103-21-01,表示中铁港航局集团第一有限工程公司流水号为03号挖掘机的设备管理号码。

表3-5　子(分)公司设备识别码

(以中铁港航局集团第一有限工程公司为例)

序号	单位名称	单位识别号码	备注
1	第一工程有限公司	01	
2	第二工程有限公司	02	
3	第三工程有限公司	03	
4	深圳工程有限公司	04	
5	航道工程公司	05	
6	爆破工程公司	06	
7	西安公司	07	
8	桥梁分公司	08	

续表 3-5

序号	单位名称	单位识别号码	备注
9	城轨分公司	09	
10	船舶分公司(惠州大亚湾中海潮游艇俱乐部有限公司)	10	
11	青岛分公司	11	
12	置业有限公司	12	
13	东南海洋工程有限公司	13	
14	广东海洋工程有限公司	14	
15	惠州大亚湾中海酒店有限公司	15	

表 3-6 子(分)公司设备流水号段划分

序号	单位名称	流水号段	备注
1	集团公司	0001—0099	
2	第一工程有限公司	0100—0199	
3	第二工程有限公司	0200—0299	
4	第三工程有限公司	0300—0399	
5	深圳工程有限公司	0400—0499	
6	航道工程公司	0500—0599	
7	爆破工程公司	0600—0699	
8	西安公司	0700—0799	
9	桥梁分公司	0800—0899	
10	城轨分公司	0900—0999	
11	船舶分公司(惠州大亚湾中海潮游艇俱乐部有限公司)	1000—1099	
12	青岛分公司	1100—1199	
13	置业有限公司	1200—1299	
14	东南海洋工程有限公司	1300—1399	
15	广东海洋工程有限公司	1400—1499	
16	惠州大亚湾中海酒店有限公司	1500—1599	

(3)机械设备对外转让或报废处置后,其原管理号码即行消除。受让机械设备需重新审批编制管理号码。

(4)管理号码牌用金属统一制作,铆定于机械明显部位,大中型机械设备同时还应在明显部位喷写字体适当的管理号码,以便识别、管理。

(5)机械报废或调出公司,该机管理号码即行消除,不得继续使用;由外单位调入的机械,重新下达管理号码,原管理号码即行废除并登记在履历簿内以备查。

(6)机械设备组成固定资产后,不得任意拆除、报废。

2.2 机械设备台账

项目部应根据机械设备进退场情况编制机械设备台账(含自有机械设备台账、特种设备台账、租赁机械设备台账、劳务队伍自带机械设备台账等),并指定专人管理。积极采用以计算机辅助管理为主要手段的现代化管理方法,建立设备管理数据库。做到账(台账)、卡(财务固资卡)、物(设备实物)相符,填写时必须保证机械设备台账的完整性、时效性及可追溯性。

1.机械设备台账的种类

(1)机械设备台账。项目物资设备部应建立“项目部机械设备进场台账”(见表 3-7),按月度更新及归档,并及时将台账上报公司设备管理部。

表 3-7 项目部机械设备进场台账

填报项目部:

序号	管理编号	设备名称	型号规格	生产厂	设备价值(万元)	出厂日期	技术状况	进场时间	使用项目	保管单位
1										
2										
3										
4										
5										
6										
7										
8										
9										
10										
11										
12										
13										
14										
15										

机械工程师: 物设部长: 生产副经理或总工程师: 填表日期:

(2)特种设备台账。项目物资设备部应建立“项目特种设备台账”(见表 3-8),按月度更新及归档,并及时将台账上报公司设备管理部。

(3)租赁机械设备台账。项目部机械设备管理部门应建立“项目租赁机械设备台账”(见表3-9),按月度更新及归档,并及时将名册上报公司设备管理部。

表3-8 项目特种设备台账

填报项目部名称:

序号	管理编号	设备名称	规格型号	生产厂家	出厂年月	设备来源(自有/租赁/自带)	设备提供单位	进场时间	退场时间	设备操作人	作业人员证件		设备检验合格证	
											操作证编号	有效期	合格证编号	有效期
1														
2														
3														
4														
5														
6														
7														
8														
9														
10														

机械工程师: 物设部长: 生产副经理或总工程师: 填表日期:

表3-9 项目租赁机械设备台账

填报项目部名称: 日期:

序号	自编号码	机械名称	规格型号	技术状况	租赁单价	起租时间	退租时间	机械供方	联系人	联系电话	租赁方式	
											内部	外部
1												
2												
3												
4												
5												
6												
7												
8												
合计												

机械工程师: 物设部长: 总工程师或生产副经理:

(4)协力队伍自带机械设备台账。项目部机械设备管理部门应建立“项目协力队伍自带机械设备台账”(见表3-10),按月度更新及归档,并及时将台账上报公司设备管理部。

(5)机械设备使用费台账。项目部机械设备管理部门应建立“项目机械设备使用费用台账”(见表3-11),按月度统计、更新及归档,并及时将台账上报公司设备管理部。

(6)特种设备操作人员名册。项目物资设备部应建立“项目部特种设备操作人员名册”(见表3-12),并备存特种设备操作人员身份证、操作证、驾驶证、体检单等复印件;名册应按月度更新及归档,并及时将名册上报公司设备管理部。

2.设备台账的内容

设备台账的内容包括:①管理号码;②设备名称;③型号;④规格;⑤生产厂;⑥本机编号;⑦出厂日期;⑧动力机名称;⑨动力机型号;⑩动力机规格;⑪动力机生产厂;⑫动力机编号;⑬动力机出厂日期;⑭外型尺寸;⑮整机重量;⑯底盘号;⑰组资日期;⑱原值;⑲净值;⑳技术状况;㉑工点。

在上述21项数据中,①~⑱为静态数据,⑲~㉑为动态数据,需机械管理人员定期收集、整理、填写。

各单位物设部每季度与本单位财务部门对账一次,做到账(设备台账)、卡(财务固资卡)、物(设备实物)相符,并以书面及电子文档的固定格式上报股份公司物设部进行核对。公司财务部、物设部每季度对机械设备台账核对一次,掌握资产分布和使用情况。

表3-10 项目协力队伍自带机械设备台账

填报项目部名称: 日期

序号	自编号码	机械名称	规格型号	技术状况	进场时间	退场时间	机械供方	使用部位	备注
1									
2									
3									
4									
5									
6									
7									
8									
9									
10									
11									

机械工程师: 物设部长: 总工程师或生产副经理:

表3-11 项目机械设备使用费用台账

序号	自编号码	机械名称	规格型号	单价	累计费用	已付金额	尚欠金额	进场时间	退场时间	租赁方式		20××年1月		20××年2月		20××年3月		20××年4月		20××年5月		20××年6月		20××年7月		20××年8月		20××年9月		20××年10月		20××年11月		20××年12月	
										内部	外部	金额	使用时间	金额	使用时间	金额	使用时间	金额	使用时间	金额	使用时间	金额	使用时间	金额	使用时间	金额	使用时间	金额	使用时间	金额	使用时间	金额	使用时间	金额	使用时间
1																																			
2																																			
3																																			
…																																			
…																																			
合计																																			

机械工程师：　　　　物设部长：　　　　总工程师或生产副经理：　　　　项目经理：

表 3－12　项目部特种设备操作人员名册

项目部：　　　　　　　　　　　　　　　　　　　　　　　　　　填报日期：

序号	姓名	性别	年龄	工种	操作证编号	证件有效期	人员身份	所属单位	管理编号	设备名称	规格型号
1											
2											
3											
4											
5											
6											
7											
8											
9											
10											
11											
12											
13											
14											
15											
16											
17											
18											
19											
20											
21											
22											
7											
10											

机械工程师：　　　　　　安全质量部部长：　　　　　　物设部部长：　　　　　　生产副经理：

2.3 机械设备履历书

基层使用单位的机械设备管理部门或机械设备管理人员，经常采用机械技术档案的简化形式——机械履历书进行管理。机械履历书的内容与要求为：

(1)机械规格说明。由机械部门于建立履历书时一次填登。

(2)随机工具及附属装置记录。由机械设备管理部门登记，机长(保管人)签章认可，有变动时随时登记签认。

(3)交接记录。在每次变更使用单位或保管人，办清交接手续后填登，由交接双方及监交人签章。

(4)运转记录。由机械设备管理部门或机械设备管理人员根据运转记录按月填写一次。

(5)小修维护记录。由机械管理部门根据维修任务单，按月填写一次。

(6)修理记录。每次大(中)修时，由承修单位提供必要数据，由主管人员摘要填写。

(7)事故登记。由机械设备管理部门根据事故摘要填登。

(8)变更装置记录。于变更装置后由机械设备管理部门填登。

(9)检验记录。对机械进行技术检验时，由检验负责人填登。

(10)其他基层使用单位机械设备管理部门认为必须填登的内容。

以中铁隧道集团机械设备履历书为例，可参见附件4。

任务3 机械设备的控制、统计管理

3.1 机械设备控制的意义及原理

控制是现代企业管理中的重要职能，是企业在动态的环境中为保证既定目标的实现而采取的检查和纠偏活动或过程。它既可以理解为一系列的检查、调整活动，即控制活动，又可以理解为检查和纠偏的过程，即控制过程。控制的根本目的在于保证企业组织活动的过程和实际绩效与计划目标及计划内容相一致，以保证实现组织目标。根据实施与控制分立的原则，控制职能的行使，一般应有专门的机构来完成。当然，机构或部门的自我调控也应属于控制的广义范畴。

机械管理的控制职能是指检查和调整机械设备管理部门的一切活动，以便更好地实现企业既定的目标和任务。因此，机械设备管理部门要对其所有活动或某一系列的活动进行控制，其中，最有效的方法是对最核心、最基本的方面进行控制，即集中对机械设备的投资、资产、使用维护和修理等业务实施控制，以便有效地组织这些工作，充分发挥机械资源的作用。

平时我们说计划赶不上变化，其原因是组织环境的不确定性、组织活动的复杂性和管理失误的不可避免性等。控制正是实现企业系统有目的变化的活动，它能保证管理的质量和组织活动的有效。

3.2 机械控制的基本程序

机械控制的类型不同，控制程序会有一些差别，但一般都包括以下五个步骤：

1. 计划目标的跟踪

计划目标的跟踪是指通过检查、考核或评比等形式或手段，对所要控制的计划指标在检查的时间、内容、方式、方法和程序上作出安排，并提出控制标准，即对执行结果与计划指标之间允许偏离的幅度或范围作出限定。实际上，控制指标与计划指标相一致，只不过控制指标具有选择性和针对性，如工序质量控制点的设置，以及机械设备定期检验制度的执行等。检查的内容应该全面，检查时间也应持续，或按工作进展分阶段进行。通过对机械管理工作进行检查，也就是对一些计划指标进行检查，来跟踪计划目标实施的状态。

2. 实施绩效的评价

实施绩效的评价是指以科学检测数据为基础，通过统计分析等手段，对被控对象所反映出的状态或输出的管理特征值即实际执行的结果，进行确认的过程。通过绩效的评价，可以找出各项具体工作在计划实施过程中出现的偏差，以及变化的幅度，为进行有效的纠偏提供反馈信息。当有些工作还不能量化时，则应通过定性的描述对其业绩进行衡量。

3. 差异分析

差异分析是指通过对实际绩效与控制标准即变化幅度的范围进行比较，找出产生差异的原因，并通过一定的组织形式，针对所面临的问题，提出切实可行的解决方案和行动措施。

4. 信息反馈

凡是在实施过程中发现问题，均应通过信息反馈的方式，将问题产生的原因和解决的方法，传递到相关部门。还应同时对企业或部门制定的定额、标准和规范等需要相应作出修正或变动的信息进行传递。

5. 偏差纠正

偏差纠正包含两方面的内容：一是通过资源的重新配置，以及调整实施方案和行动措施来实现既定目标。二是当既定目标无法达到时，提出对决策和计划目标进行修正的方案。此后，便进入下一个控制循环。

3.3 工程机械控制和统计指标

机械管理的计划、控制和统计指标的内容和对象大体一致，下面将六类指标的主要内容介绍如下。

3.3.1 工程机械装备程度指标

机械设备的数量、生产能力和装备率指标是衡量企业工程机械装备程度的指标。

1. 机械设备实有和平均台数

这两个指标分别指企业统计报告期内机械设备固定资产的在册和平均台数，其计算公式如下：

期末实有机械设备台数＝期初实有台数＋本期增加台数－本期减少台数

机械设备的平均台数＝报告期内每天拥有的机械台数之和/报告期内日历天数

2. 机械设备实有能力

该指标反映企业统计报告期内所拥有的各类机械设备生产能力的总水平，它一般是根据机械工作装置的容量或动力部分的功率来累计计算的。其中，机械设备的总功率是按标定功率或额定功率计算的，单位是kW（千瓦），1kW＝1.36马力。但变压器和锅炉等的能力不计算在内。

3. 机械设备的总价值

该指标是指企业自有机械设备的总价值，为了计算方便，一般采用的是报告期末机械设备的总价值，按原值和净值（折余价值）计算。

4. 技术或动力装备率

该指标是指企业人均分摊机械设备净值或功率的多少。计算公式如下：

全员技术装备率（万元/人）＝报告期末自有机械设备净值（万元）/报告期末全员人数（人）

3.3.2 工程机械完好率和利用率指标

机械设备完好率是反映和考核企业机械设备技术状况的主要指标。机械设备的利用率指标则是用来反映和考核企业机械设备的实际使用状况的主要经济技术指标之一。

1. 机械完好率

机械完好率计算公式如下：

机械完好率＝报告期末完好机械台数/报告期末实有台数×100％

机械台班完好率＝报告期机械完好台班数/报告期机械定额（或制度）台班数×100％

机械定额台班数指企业根据机械设备中长期利用率水平或年工作台班定额确定的台班数。

机械完好台班数指报告期（年、季或月）内机械设备处于完好状态下的台班数，包括修理不满一日和非机械原因待机的台班数，因此其数值大于机械台班利用率。

2. 机械设备的利用率

该指标可以用机械设备的台班利用率或台时利用率表示，如：

机械台班利用率＝报告期内工作台班数/报告期内定额（或制度）台班数×100％

机械定额（或制度）台班数、机械台班利用率和机械工作台班数的关系如图3－1所示。

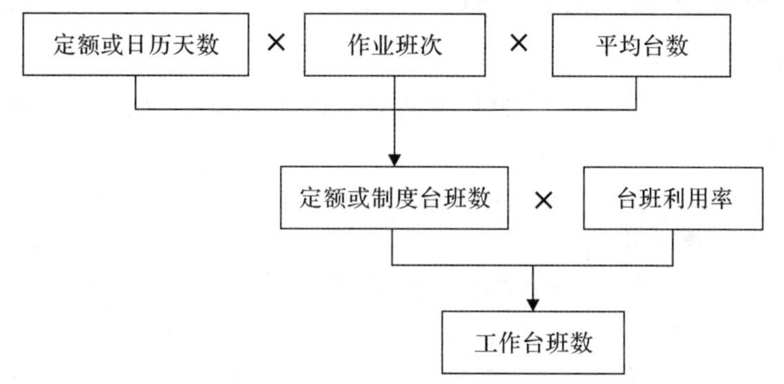

图3－1 机械使用指标关系示意图

3.3.3 机械效率指标

机械效率是指报告期内机械设备额定生产能力与完成产量之比值。它反映企业机械设备在报告期内单位生产能力的产出值，是机械设备各项指标中的一个重要指标。

机械效率的计算公式如下：

机械效率＝报告期内机械设备实际完成的总产量/报告期内机械设备的生产总能力×100％

对不能按生产能力和产量计算效率的机械设备，也可以按实际台班数与额定台班数的比值计算。

机械效率还可以用完成产量定额率、装备生产率和装备收入率(或利润率)表示。其中装备生产率反映机械设备投资在生产中创造价值的大小,装备收入率(利润率)能更准确地反映机械设备的经济效益。

机械完成定额率=报告期内某种机械工作台班产量/报告期内某种机械台班产量定额×100%

装备收入率(利润率)=报告期内机械设备的收入或利润(元)/报告期内机械设备的净值(元)

3.3.4 机械化程度指标

施工机械程度是反映企业机械化施工水平的重要指标,是指企业报告期内由机械设备所完成的工程量(或工作量)占总工程量(或总工作量)的比例。

机械化程度=报告期内机械设备完成的工程量(或工作量)/报告期内完成的总工程量(或总工作量)

3.3.5 机械设备新度系数指标

机械设备新度系数是衡量机械设备新旧程度或质量水平的指标。一般有以下几种表述方式:

1.根据机械设备的价值进行评价

机械设备新度系数=机械设备的净值/机械设备的原值×100%

2.根据机械设备的使用价值进行评价

机械设备新度系数=(规定使用年限-已累计的使用年限)/规定使用年限×100%

3.根据机械设备的技术性能进行评价

机械平均技术等级=(1×一级设备数+2×二级设备数+3×三级设备数+4×四级设备数)/各级机械设备数量总和

3.3.6 工程机械维护和修理指标

1.机械大修间隔台时

机械大修间隔台时指机械两次大修作业间隔的运行小时数。它是评定机械使用、维护与修理质量的综合性指标。其计算公式如下:

机械大修间隔台时=全部大修机械大修作业间隔运行小时数之和/全部大修机械数

2.机械维护或修理工时

机械维护或修理工时指完成每次维护或修理的工时。它是考核机械维护或修理的实际工效和进行定员的主要依据。

3.机械维护与小修费用

机械维护和小修费用指机械进行维护或小修作业所用工时和物料的总费用。它是考核维护修理单位经营管理的一项综合性指标。机械各级维护按台次分别平均计算,小修费用一般合并到某级维护中核算。

4.维护和大修返工率

维护和大修返工率指机械维护或大修出厂(车间)后,返工台次(或工时)占维护或大修总台次(或总工时)的百分比。它是考核维修质量的一项指标。

5.机械大修台日

机械大修台日指机械从进场第2天算起到修好并经检验合格出场的全部时间。它是考核机械修理效率和质量的重要指标,与提高机械完好率相关。

任务4 机械设备的折旧、报废

4.1 机械设备的折旧

4.1.1 固定资产折旧的概念

工程机械作为施工企业的固定资产，具有三个特点：花大额资金进行一次性购置；反复参加生产；产生广义的磨损。因此，它的购置价值必须反映到施工中去，并从施工收益中予以收回。工程机械固定资产的折旧指机械设备在使用过程中，逐渐损耗而消失的那部分价值。这部分价值在工程机械的有效年限内进行分摊，形成折旧费，计入各时期成本。工程机械固定资产的损耗分为有形损耗和无形损耗。

有形损耗是指工程机械在使用(闲置)过程中，由于物理化学而产生的磨损腐蚀，即工程机械的物质损耗。

无形损耗是指由于技术的进步、新技术的使用、新设备的出现使原有工程机械贬值，这种损耗是从价值上而言的，即工程机械的经济损耗。工程机械固定资产折旧提取正确与否会直接影响各单位财务会计信息的反馈资源，还会影响各单位经济盈亏分析和领导决策。

所有固定资产的工程机械不论其经费来源如何，均应提取折旧费，应列入本单位的专用资金中。更新改造专用资金必须专款专用，其用途主要包括：

(1)工程机械的更新。

(2)为提高产量、扩大作业范围、降低能源和原材料的消耗，对工程机械进行技术改造。

(3)试制新产品。

(4)综合利用和治理“三废”。

(5)劳动安全保护。

(6)零星机械设备购置。

工程机械固定资产折旧的计提范围是：

(1)在使用的机械设备、运输设备、仪器仪表、工具器等生产经营用具；

(2)因季节性生产和修理停用的各项机械设备资产；

(3)以经营方式租出的机械设备资产和以融资租赁方式租入的机械设备资产。

不用计提折旧的工程机械资产是：

(1)未使用、闲置封存的工程机械；

(2)以经营方式租入的工程机械；

(3)正在制造的工程机械；

(4)已提足折旧但继续使用的工程机械；

(5)经国有资产管理局或上级主管单位批准同意报废的工程机械。

企业固定资产折旧的计提应按月算。本月增加的固定资产当月不计提折旧，从下月开始计提；本月减少的固定资产，本月计提，下月不提。

4.1.2 固定资产折旧的方法

固定资产折旧方法，指将应提折旧总额在固定资产各使用期间进行分配时所采用的具体计算方法。折旧是指固定资产由于使用而逐渐磨损所减少的那部分价值。固定资产的损耗有两种:有形损耗和无形损耗。有形损耗,也称作物质磨损,是由于使用而发生的机械磨损,以及由于自然力的作用所引起的自然损耗。无形损耗,也称精神磨损,是指科学技术进步以及劳动生产率提高等原因而引起的固定资产价值的损失。一般情况下,当计算固定资产折旧时,要同时考虑这两种损耗。

固定资产折旧方法包括年限平均法、工作量法、年数总和法和双倍余额递减法。企业应根据固定资产所包含的经济利益预期实现方式选择折旧方法,折旧方法一经选定,不得随意变更。

1. 年限平均法

年限平均法是指将固定资产的应计折旧额均衡地分摊到固定资产预定使用寿命内的一种方法。采用这种方法计算的每期折旧额相等。计算公式如下:

年折旧率=(1-预计净残值率)/预计使用寿命(年)×100%

月折旧率=年折旧率/12

月折旧额=固定资产原价×月折旧率

例如,一台机器设备原值80000元,估计净残值8000元,预计可使用12年,按直线法计提折旧,则第二年应计提折旧为:采用直线法计提折旧,年折旧额=(80000-8000)/12=6000(元)。

2. 工作量法

工作量法是根据实际工作量计算每期应提折旧额的一种方法。计算公式如下:

单位工作量折旧额=固定资产原价×(1-预计净残值率)/预计总工作量

某项固定资产月折旧额=该项固定资产当月工作量×单位工作量折旧额

例如,某企业的运输汽车1辆,原值为300000元,预计净残值率为4%,预计行使总里程为800000公里。该汽车采用工作量法计提折旧。某月该汽车行驶6000公里。该汽车的单位工作量折旧额和该月折旧额计算如下:

单位工作量折旧额=[300000×(1-4%)]/800000=0.36(元/公里)

该月折旧额=0.36×6000=2160(元)

3. 年数总和法

年数总和法也称合计年限法,是指将固定资产的原价减去预计净残值后的净额,乘以一个以各年年初固定资产尚可使用年限做分子,以预计使用年限逐年数字之和做分母的逐年递减的分数计算每年折旧额的一种方法。计算公式如下:

年折旧率=尚可使用年限/预计使用年限的年数总和×100%

预计使用年限的年数总和=$n\times(n+1)/2$

月折旧率=年折旧率/12

月折旧额=(固定资产原价-预计净残值)×月折旧率

例如,某企业有一固定资产,该固定资产原值为100000元,预计使用年限为5年,预计净残值为2000元,采用年数总和法计算各年折旧率及折旧额。

年数总和=1+2+3+4+5=15,固定资产计提折旧基数=100000-2000=98000(元)

第一年折旧率=5/15=33%

第一年折旧额=98000×33%=32340(元)

第二年折旧率=4/15=27%

第二年折旧额＝98000×27％＝26460(元)

第三年折旧率＝3/15＝20％

第三年折旧额＝98000×20％＝19600(元)

第四年折旧率＝2/15＝13％

第四年折旧额＝98000×13％＝12740(元)

第五年折旧率＝1/15＝7％

第五年折旧额＝98000×7％＝6860(元)

4.双倍余额递减法

双倍余额递减法是在不考虑固定资产残值的情况下,用直线法折旧率的两倍作为固定的折旧率乘以逐年递减的固定资产期初净值,得出各年应提折旧额的方法。

设备入账账面价值为 X,预计使用 N(N 足够大)年,残值为 Y。

则第一年折旧 $C_1=\dfrac{X\times 2}{N}$;

第二年折旧 $C_2=\dfrac{(X-C_1)\times 2}{N}$

第三年折旧 $C_3=\dfrac{(X-C_1-C_2)\times 2}{N}$

⋮

最后两年需改为直线法折旧。

例如,某企业有一固定资产,该固定资产原值为100000元,预计使用年限为5年,预计净残值为2000元,试计算采用双倍余额递减法计提折旧时各年的折旧率和折旧额。

采用双倍余额递减法计提折旧时折旧率＝2/5＝40％

第一年应提取的折旧额＝100000×40％＝40000(元)

第二年应提取的折旧额＝(100000－40000)×40％＝24000(元)

第三年应提取的折旧额＝(60000－24000)×40％＝14400(元)

第四年年初账面净值＝100000－40000－24000－14400＝21600(元)

第四、五年提取的折旧额＝(21600－2000)/2＝9800(元)

施工机械折旧年限,见表3-13。

表3-13　施工机械折旧年限表

序号	机械名称	折旧年限	耐用总台班	大修间隔台班	年工作台班	大修周期	备注
一、土石方及筑路机械							
1	盾构机	8					按工程量
2	挖掘机	6	1320	440	220	3	含挖装机
3	推土机	6	1260	420	210	3	
4	铲运机	6	960	320	160	3	
5	压路机	8	1600	530	200	3	

续表 3-13

序号	机械名称	折旧年限	耐用总台班	大修间隔台班	年工作台班	大修周期	备注
6	平地机	8	1600	530	200	3	
7	装载机	6	1440	480	240	3	
8	装岩机	6	1420	470	220	3	
9	轴流通风机	8	1440	180	180	3	
10	凿岩台车	6	1440	480	240	3	
11	注浆机	8	1440	480	180	3	
12	装药台车	6	1320	440	220	3	
13	锚杆台车	6	1440	480	240	3	
14	深孔及潜孔钻机	8	1200	400	150	3	
15	悬臂掘进机	8	1760	580	220	3	
16	其他土石方机械	8	1680	560	210	3	
二、动力机械							
17	内燃空压机	6	1260	420	210	3	
18	电动空压机	6	1500	500	250	3	
19	内燃发电机	6	1200	600	200	2	
20	变压器	8	2800	930	350	3	
21	其他动力机械	6	1260	420	210	3	
三、起重机械							
22	塔式起重机	10	2400	800	240	3	
23	履带式起重机	8	1920	960	240	2	
24	架桥机	8	960	480	120	2	
25	汽车起重机	6	1320	660	220	2	
26	轮胎式起重机	8	2000	1000	250	2	
27	轨道式起重机	10	2000	1000	200	2	
28	浮吊(起重船)	10	2000	1000	200	2	
29	桅杆式起重机	8	1840	920	230	2	
30	龙门式起重机	8	1840	920	230	2	
31	卷扬机	8	1680	840	210	2	2t 以上
32	拼装吊机	8	1680	840	210	2	
33	矿用提升绞车	8	1680	840	210	2	
34	其他起重机械	8	1680	840	210	2	

续表 3-13

序号	机械名称	折旧年限	耐用总台班	大修间隔台班	年工作台班	大修周期	备注
四、运输机械							
35	载重汽车	8	1920	640	240	3	
36	自卸汽车	8	1760	580	220	3	
37	工程指挥车	8	2000	1000	250	2	
38	油(水)槽汽车	8	1920	810	240	2	
39	平板拖车	8	1440	720	180	2	
40	皮带输送机	6	900	450	150	2	15m×500mm
41	电瓶车	6	1680	840	280	2	
42	轨道车	6	1080	540	280	2	
43	散装水泥车	8	1680	840	210	2	进口
44	散装水泥车	6	1260	630	210	2	国产
45	梭矿	6	1800	600	300	3	
46	其他运输机械	6	1440	720	240	2	
五、混凝土及钢筋机械							
47	混凝土拌合机	6	1080	540	180	2	400l 以上
48	混凝土拌合工厂	6	1080	540	180	2	
49	混凝土三联机	6	1080	540	180	2	
50	混凝土机械手	6	1080	540	180	2	
51	混凝土输送车	8	1600	800	200	2	
52	混凝土泵车	8	1600	530	200	3	
53	混凝土泵	6	1080	540	180	2	
54	砂浆拌合机	6	1080	540	180	2	
55	点焊机	6	900	450	150	2	
56	对焊机	6	900	450	150	2	
57	其他混凝土及钢筋机械	6	1200	600	200	2	
六、基础及水工机械							
58	套管钻机	8	1760	580	220	3	
59	冲击钻机	8	1440	480	180	3	
60	地质钻机	8	1440	480	180	3	
61	抽水机	6	900	300	150	3	7kW 以上

续表 3-13

序号	机械名称	折旧年限	耐用总台班	大修间隔台班	年工作台班	大修周期	备注
62	泥浆泵	6	900	300	150	3	7kW 以上
63	正反循环钻机、液压抓斗	8	1760	580	220	3	
64	履带式打桩机	8	1760	580	220	3	(含轨行式)
65	其他基础及水工机械	8	1600	530	200	3	
七、木工机械							
66	木工带锯机	6	1200	600	200	2	
67	木工压刨床	6	1080	540	180	2	
68	木工打眼机	6	1200	600	200	2	
69	木工开榫机	6	1200	600	200	2	
70	木工裁口机	6	1050	525	175	2	
71	木工车床	6	1200	600	200	2	
72	其他木工机械	6	1080	540	180	2	
八、金加工维修设备							
73	交、直流电焊机	6	900	450	150	2	14kVA 以上
74	其他金加工及维修设备	8	1360	680	170	2	
九	测试设备	6	1200	600	200	2	
十、线路机械							
75	铺轨机	10	1200	400	120	3	
76	铺碴机	10	2000	650	200	3	
77	夯拍机	10	2000	650	200	3	
78	捣固机	10	2000	650	200	3	
79	道砟整形机	10	2000	650	200	3	
80	其他线路机械	10			200	3	

4.2 固定资产的报废

固定资产的报废，是指固定资产由于长期使用中的有形磨损，并达到规定使用年限，不能修复继续使用；由于技术改进的无形磨损，必须以新的、更先进的固定资产替换等原因造成的对原有固定资产按照有关规定进行产权注销的行为。工程机械长期使用或因事故障碍而造成的严重损坏，其主要性能严重劣化，不能满足生产工艺要求，且无修复价值；或经大修虽然能恢复精度与性能，但主要结构陈旧，经济上不如更新设备合算时，就应进行报废处理，以便另行更换与添置新型设备，满足生产需要。

工程机械的报废是工程机械固定资产管理的最后一环节。工程机械已经报废，就终止其为固定资产的全部历程，在工程机械设备账卡上需予以注销。

1. 工程机械报废的分类

根据不同原因，报废可分为：

(1)事故报废。即工程机械由于重大事故或自然灾害等原因，损坏至无法修复或不值得修理而造成的报废。

(2)损蚀报废。即工程机械由于长期使用以及自然力的作用使其主体部位遭受磨损、腐蚀、变形，性能劣化至不能保证安全生产或基本丧失使用价值，采用修理方法也不能解决问题，由此而造成的报废。

(3)技术报废。即工程机械由于技术寿命终了而形成的报废。

(4)经济报废。即工程机械由于经济寿命终了而退役。

(5)特种报废。凡是不属于前述几种原因而造成的工程机械报废统称为特种报废。例如国家从整个国民经济发展、环境保护角度出发，采取行政干预手段对某些工程机械进行强制性淘汰。

2. 工程机械报废的条件

工程机械具下列情况之一者，方可申请报废：

(1)超过规定年限，技术性能已达不到国家标准和安全操作规范；

(2)因意外灾害或事故使设备受到严重损坏，无法修复使用的；

(3)技术性能差、能耗高、效率低，经济效益差；

(4)经预测，若大修后技术性能仍不能满足工艺要求和保证产品质量的；

(5)严重污染环境，危害人身健康，进行改造又不经济的；

(6)大修后虽能恢复技术性能，但不如更新经济的；

(7)自制的非标准专用工程机械，经产生验证不能使用又无法改造的；

(8)国家或有关部门规定淘汰的。

3. 机械设备的报废程序

(1)机械设备报废前，应对其进行全面技术鉴定。单台套价值在500万元及以上的大型机械设备，由集团公司设备物资部组织鉴定并形成鉴定报告。单台套价值在500万元以下的机械设备由子(分)公司设备物资部组织鉴定并形成鉴定报告(报废设备鉴定表见表3-14)。

(2)符合报废条件的机械设备，由使用单位填写“报废机械处理申请表”(见表3-15)，经领导签字、单位盖章后，报公司主管部门审批。

4. 机械设备报废审批权限

(1)子公司管理的机械设备报废由使用单位报子公司机械设备物资部审核，子公司总经理批准。

(2)分公司管理的机械设备报废，由分公司报集团公司设备物资部审核，经集团公司分管领导批准后实施。

(3)单台套价值在500万元及以上的大型机械设备报废，由子(分)公司报集团公司设备物资部审核，经集团公司分管领导批准后实施。

5. 机械设备的报损

(1)因事故或意外灾害造成严重破坏而无法修复的；

(2)因不可预知的原因、确认丢失的或失踪的；

(3)机械设备报损的审批程序与权限和机械设备报废的审批程序与权限相同。

小型机具报废与处理流程见图3－2、表3－16。

表3－14　报废设备鉴定表

编号：

机械名称：______ 管理号码：______ 型号规格：______ 厂　牌：______ 出厂日期：______ 报废日期：______ 鉴定日期：______
鉴定情况：
鉴定结论： 鉴定人员签字：
物设部审核：
注意事项：

填报日期：　　年　　月　　日

注：鉴定人员应由三人或三人以上人员组成。

表3-15 报废机械处理申请表

申请单位：

<table>
<tr><td>机械名称</td><td></td><td>管理号</td><td></td></tr>
<tr><td>规格型号</td><td></td><td>生产厂家</td><td></td></tr>
<tr><td>账面原值</td><td></td><td>净残值</td><td></td></tr>
<tr><td>存放地点</td><td></td><td>报废日期</td><td></td></tr>
<tr><td>鉴定日期</td><td></td><td>处理单价(元)</td><td></td></tr>
<tr><td colspan="4">处理原因：

申请单位参加鉴定人员签字：</td></tr>
<tr><td colspan="4">股份公司意见：

年 月 日</td></tr>
<tr><td colspan="4">报废机械处理小组成员签名：

年 月 日</td></tr>
<tr><td colspan="4">股份公司领导审批：

年 月 日</td></tr>
</table>

填表人： 填表日期： 年 月 日

注：本表格式为A4纸竖排。

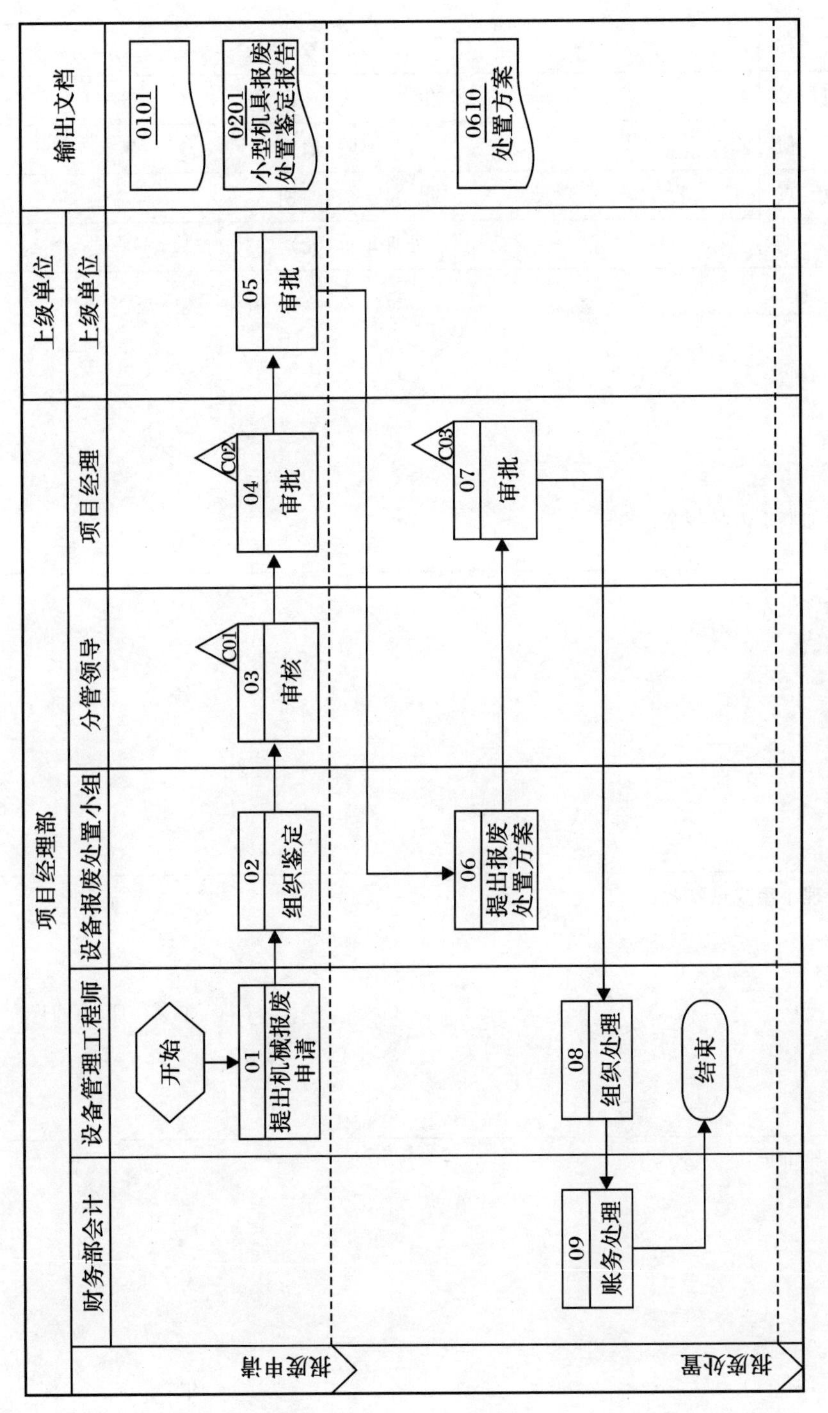

图3-2 小型机具报废与处置流程

表3－16　小型机具购置流程报废与处置流程说明

编号	流程步骤	责任部门/责任人	流程步骤描述	完成时间	输出文档	备注
	流程总说明：小型机具购置流程报废与处置流程责任部门：物设部主责。 本流程共有9个步骤，其目的是规范小型机具购置流程报废与处置流程，流程始于设备工程师提出报废与处置计划，由设备报废处置小组组织鉴定后报分管领导审核，经项目经理审批后报子（分）公司审批。					
1	提出报废处置计划	设备管理工程师	设备管理工程师对损坏严重的一次性摊销设备提出报废处置申请，填写“机械报废处置申请单”，写明设备名称、报废理由、数量、原值等	当天	小型机具机械报废处置申请单	
2	组织鉴定	设备报废处置小组	设备报废处置小组根据报废计划对小型机具的报废与处置进行鉴定工作并出具鉴定报告	当天	小型机具机械报废处置鉴定报告	
3	审核	分管领导	分管领导对拟报废的机械进行考察确认，判定是否达到报废标准，提出审核意见	1天		
4	审批	项目经理	项目经理根据施工生产实际需求，对小型机具购置流程报废与处置计划进行审批	1天		
5	审批	子（分）公司	上级单位对小型机具购置流程报废与处置流程计划进行最终审批	2天		
6	提出报废处置方案	设备报废处置小组	设备报废处置小组调查现场实际情况，根据拟报废机械的实际情况，提出报废处置方案	当天	处置方案	
7	审批	项目经理	项目经理根据设备报废处置小组的现场调查情况，对报废处置方案提出审批意见	1天		
8	组织处理	设备工程师	设备工程师对报废机械进行机械处置	当天		
9	账务处理	财务部会计	财务部会计对报废机械进行账务处置	1天		

任务5　机械设备资产效益管理

5.1　设备的经济定额

(1)设备台班费用定额,按《全国统一施工机械台班费用编制规则》(建标〔2001〕196号文)和《铁路工程施工机械台班费用定额》(铁建设〔2006〕129号文)等规定参照执行。

(2)大修间隔期按表3-13执行。工时单价和整机修理工时可参照建设部颁布的《全国统一施工机械保养修理技术经济定额》进行适当浮动。

(3)设备租赁台班费收取办法详见学习情境2任务3。

(4)设备技术经济定额的制定与考核:机械部门与施工、计划、财务、人力、物资等部门一起,参照以往施工,将定额制定在"大多数技工经努力可达到、部分人可超过"的平均先进水平上,以提高定额管理水平。

5.2　设备的经济核算及分析

设备资产管理情况,在提高利用率的同时,通过经济核算,才能得到全面、真实的反映,从而做到"心中有数"。设备经济核算必须在相关部门的配合支持下进行,尤其是设备使用费分析是工程责任成本的重要内容之一,必须建立以财务部门为中心,设备部门为主体,人力、施工、物资等部门参加的经济核算班子,明确分工,责任成本分析才能按期、优质、有效地开展起来。

1. 单机(车)核算

(1)各管理部门职责分工。

①计划(或调度)部门负责设备完成工作量的统计。

②物资部门负责各种燃料、润滑油、轮胎等替换设备、工具和擦拭等相关材料实际消耗量的统计。

③人力部门负责奖罚审核工作。

④财务部门负责人员工资统计和计算盈亏及办理奖罚等事宜。

⑤设备部门负责除上述各部门完成项目之外其他项目的统计、计算、汇总与分析。

(2)单机核算内容。

①经济收入:应根据工程需要设备配备进行设备成本分析。施工单位的设备技术人员有责任编制定额等核算和当期工程中设备的各种消耗。并根据完成的台班数或产量,按台班费用定额或经济承包协议,计算出经济收入(当工程产值计算的收入额和单机累加收入额不一致时,其差额可分摊到各类设备实际完成台班中),为工程成本的核算提供依据。

②经济支出:经常修理费,替换设备部分及工具的消耗费,润滑油(脂)、擦拭费及材料费,操作人员工资,水、电费和燃料费等。

③经济核算:依据收入和支出,通过核算、分析做出盈亏比较,实施奖惩。

2. 大修理单项成本核算

根据经济收支,减去各项消耗支出,做出大修理费用成本分析,找出差距,总结经验,不断改进工作。

3. 经常修理费核算

(1)收入:单项工程的设备使用费,按台班费组成比例分配,最后按年、季分配。

(2)支出:设备实际使用中发生的维修保养、事故处理、替换设备、润滑擦拭、工具等费用,主要指人工费、配件材料费和机械费。

(3)核算:经过计算分析,核算出成本盈亏情况。

5.3 单项工程机械使用费核算

1. 设备使用费内容

(1)自有设备——台班费中的折旧费、大修理费、经常修理费中的三级保养费,安装拆卸及辅助设施费,部分替换设备(履带、电瓶、轮胎)的消耗费,保管费、养路费、管理费、大修费和有关税费。

(2)租用外单位的设备使用费。

2. 设备使用费控制

(1)设备管理部门配合施工技术部门应对施工工艺和方法按照效益原则进行比选,编制的实施性施工组织设计应能最大限度地发挥本单位现有设备的生产效率,以减少机械使用费的支出;物资部门应做好有关设备燃料、油脂等材料供应,保证设备正常运转和维修的同时,尽量减少积压;人力部门应配套相应的奖罚措施;财务部门应做好设备费用不必要支出的控制和核算工作;设备管理部门应积极开展单机成本核算,将设备使用费的盈亏与操作司机和维修人员的利益挂钩,做好设备使用费的统计和核算。

(2)设备使用费占单项工程成本比例每季度分析一次,季度分析表要求在财务决算报出十五日内做好;工程竣工后的汇总分析,要求在工程财务决算报出三十日内分别报股份公司物设部和财务部。逾期不报将给予该项目机电负责人200～500元的罚款。

3. 机械配件的采购和管理

机械配件的采购和管理按照公司《物资管理程序》和《物资管理实施细则》执行,确保配件质量和具有可追溯性。

例如,××公司部分主要机械使用费标准见表3-17。

表3-17 ××公司部分主要机械使用费标准

序号	机械名称	规格型号	生产厂家	月使用费标准(万元)
1	履带挖掘机	PC55/PC60/JCB8060/337D	小松/山猫	1.40
2	履带挖掘机	PC200	小松山推	2.60
3	履带挖掘机	PC220	小松山推	3.00
4	履带挖掘机	PC400	小松山推	5.50
5	轮式装载机	WA470	小松常林	4.80
6	轮式装载机	WA380	小松常林	2.50
7	轮式装载机	WA320	小松常林	2.10
8	轮式装载机	CLG856/ZLC50G	柳工	1.50

续表 3-17

序号	机械名称	规格型号	生产厂家	月使用费标准（万元）
9	轮式装载机	ZLC50D	柳工	1.30
10	砼输送泵	60m3/h	—	1.20
11	混凝土搅拌站	HZS120	中联重科	5.60
12	混凝土搅拌站	HZS120	郑州华中	3.10
13	混凝土搅拌站	HZS50	郑州华中	1.50
14	混凝土搅拌站	JS1000D	辽宁海诺	1.40
15	挖装机	WZ160	贵州三环	1.00
16	提升机	JK2.5×2-30	重庆	3.20
17	提升机	2JK3.5×1.7-20	太原	7.80
18	变频机车	JXK45	制造公司	3.50
19	变频机车	JXK25	制造公司	2.50
20	变频机车	JXK15	制造公司	1.00
21	发电机	250kW	康明斯	0.65
22	发电机	300kW	无锡新时代	1.00
23	发电机	800kW	康明斯	2.40
24	电动空压机	≥20m3/min	英格索兰/阿特拉斯	0.60
25	内燃空压机	P600WCU	英格索兰	0.60
26	内燃空压机	VHP750	英格索兰	1.10
27	门式起重机	15T	—	1.60
28	门式起重机	32T-45T	—	3.40
29	门式起重机	160T	—	9.60
30	铣挖头	ER2000	德国艾卡特	4.70
31	铣挖头	ER250	德国艾卡特	1.60
32	自卸汽车	北方奔驰	北方重汽	1.5
33	自卸汽车	VOVOLFM9	山东中集	1.7
34	自卸汽车	斯太尔	陕汽	0.5
35	载重汽车	EQ1304W	二汽东风	0.3
36	混凝土输送车	HNJ5223GJB	辽宁海诺	0.6
37	混凝土输送车	XZ5290GJBJCT	徐州利渤海尔	1.2

1.使用费的标准参考市场租赁情况和折旧费水平综合制定，将根据情况适时进行调整。
2.使用费的标准充分考虑了设备的工作环境、利用率和设备有效使用年限等因素的影响。
3.为项目特殊情况配置的设备，预期没有后续工程的按照工期折旧收取使用费。

学习情境4

工程机械的使用与保养、维修

知识目标

1. 解释工程机械维护、工程机械修理、“三定”制度等概念；
2. 描述工程机械维护、修理的目的与分类、工程机械维护、修理的作业内容；
3. 掌握常用土木工程施工机械使用的一般规定。

能力目标

1. 制定工程机械年度、季度、月度维护计划；
2. 组织实施工程机械维护作业与修理作业；组织完成工程机械维护作业与修理作业的质量检验与验收。

任务1　工程机械现场使用制度及一般规定

1.1　工程机械设备现场使用制度

1. “三定”制度

机械设备的使用管理必须贯彻“管用结合”“人机固定”的原则，实行定人、定机、定岗位责任的“三定”制度。“三定”制度的实施，首先要保持人机关系在较长时间内的稳定性，这样有利于增强操作人员的责任心。职责明确可以促使操作人员主动钻研技术，提高操作水平，减少故障和机械事故的发生，延长机械使用寿命，提高设备完好率。

对多人操作、多班作业的机械设备，应选定一人为机长，建立机长责任制。机长选定后，由上级机械设备管理部门任命，要保持相对稳定，不要轻易变动。

岗位责任制还需要与经济责任制结合起来，实行单机和机组经济核算制。目前采用的形式有“包机制”和“双包制”。“包机制”就是把机械设备的使用、管理和经济责任等，采用合同的形式由操作人员承包下来。在“包机制”的基础上，又发展了一种“双包制”，即由操作人员和维修人员共同作为责任方，签订“双包”合同。

2. 交接班制度

所谓交接班制度，就是进行多班制作业时，班组或操作驾驶人员之间的工作交接制度，它是工程机械使用责任制的组成部分。机械设备多班作业时，为了相互了解情况，为了防止机械被损坏和物件丢失，保证施工任务连续进行，必须履行交接班手续，即认真填写好工程机械运行日记表(工程机械技术责任制)。当班人与接班人需在工程机械运行日记表上签字,当各班人员不能见面时,应以交接班记录(见表4－1)为凭。

交接内容如下:①机械使用时间、地点;②每班作业时间、待工和检修时间、完成产量;③安全情况;④机械设备运转使用情况,如各种仪表指示是否正常、有无异响、渗漏;⑤油料消耗;⑥保养、小修情况和存在的问题等。

施工机械的运行日记,是机械设备使用的原始记录,应保存备查。机长应经常检查运行日填写情况和交接班制度执行情况,并作为操作人员日常考核的依据。

表4－1　项目机械设备交接班记录表

项目名称:

<table>
<tr><td colspan="2">机械名称</td><td colspan="2"></td><td colspan="2">机械型号:</td><td colspan="2">设备编号:</td></tr>
<tr><td colspan="2">值班始终时间</td><td colspan="2">00:00—08:00</td><td colspan="2">08:00—16:00</td><td colspan="2">16:00—00:00</td></tr>
<tr><td colspan="2">班次
项目</td><td colspan="2">1</td><td colspan="2">2</td><td colspan="2">3</td></tr>
<tr><td rowspan="4">技术状态</td><td>原动机</td><td colspan="2"></td><td colspan="2"></td><td colspan="2"></td></tr>
<tr><td>工作机</td><td colspan="2"></td><td colspan="2"></td><td colspan="2"></td></tr>
<tr><td>仪　表</td><td colspan="2"></td><td colspan="2"></td><td colspan="2"></td></tr>
<tr><td>配电箱</td><td colspan="2"></td><td colspan="2"></td><td colspan="2"></td></tr>
<tr><td colspan="2">记事</td><td colspan="2"></td><td colspan="2"></td><td colspan="2"></td></tr>
<tr><td colspan="2">注意事项</td><td colspan="2"></td><td colspan="2"></td><td colspan="2"></td></tr>
<tr><td colspan="2">其他</td><td colspan="2"></td><td colspan="2"></td><td colspan="2"></td></tr>
<tr><td colspan="2">随机工具
及附件</td><td colspan="2"></td><td colspan="2"></td><td colspan="2"></td></tr>
<tr><td colspan="2" rowspan="3">交接班</td><td>交班司机</td><td></td><td>交班司机</td><td></td><td>交班司机</td><td></td></tr>
<tr><td>接班司机</td><td></td><td>接班司机</td><td></td><td>接班司机</td><td></td></tr>
<tr><td colspan="2">交接班时间:</td><td colspan="2">交接班时间:</td><td colspan="2">交接班时间:</td></tr>
</table>

3. **三检制度**

现场管理必须坚持“三检制度”,即司机、工班长、专业公司物设部三级管理人员对设备的使用、维修、保养进行必要的检查。

(1)各专业公司物设部:①制定安全操作规程;②制定设备月、季、日常、定期维修和保养计划，并督促落实；③检查设备的运转情况和运转记录；④检查司机对设备的使用、操作；⑤了解设备机况；⑥安排设备检修、故障排除及技术指导，做好配件更换的技术鉴定工作。

(2)工班长：①检查设备的运转情况、运转记录和司机的操作、使用；②组织本班人员维修设备和按计划保养设备；③准确掌握设备的机况，合理安排设备的作业。

(3)司机：①做好设备运转前和运转后的检查工作；②负责设备的日常保养工作；③协助本班其他人员做好设备的定期保养和维修工作；④做好设备的运转记录；⑤正确操作、使用设备。

4. 岗位责任制

(1)使用机械必须实行“二定三包”责任制(即定人、定机；包使用、包保管、包养修)，操作人员要相对稳定。调整主要施工设备司机长及其他操作人员应征得机械部门同意。

(2)凡使用机械均应有专人负责保养，多人操作的大型机械应实行司机长负责制，小型机械可设专人兼管数台。

(3)机械操作人员必须坚守岗位，确保机械正常运行。

(4)操作人员要做到班前检查机况、班后擦拭机体，使设备外观整洁，达到“三无”和“四不漏”(即无污垢、无碰伤、无锈蚀；不漏水、不漏油、不漏气、不漏电)。

(5)操作人员要严格按机械说明书要求，定质、定量、定点、定时加油，定期换油，保证油路畅通，保持设备经常处于良好状态下运转。

(6)操作人员要做到三懂(懂构造、懂原理、懂性能)四会(会使用、会保养、会检查、会排除故障)，从而达到正确使用机械，按规定保养，严格执行安全技术操作规程。

5. 持证上岗制

(1)设备操作人员必须经过培训(包括职业资格培训)，考试合格后发给设备操作证或职业资格证书，严禁无证操作。同等条件时取得由国家颁发的职业资格证书者优先上岗。考核工作由设备部门配合人事、安监部门共同进行，每年考核一次。考核不合格者进行补课，补课后仍未达到规定要求的吊销操作证，调离岗位。

(2)公路行驶的运输机械驾驶证由地方公安部门办理；起重提升设备司机操作证由地方劳动部门办理；轨道车司机的操作证由铁路局或分局办理。

6. 操作证制度

为了促进工人学习技术的热情，考察和巩固技术培训的成果并保证设备的安全运行，企业结合技术培训，实行技术考核及发放操作证制度，以便从组织措施上进一步保证机械设备的安全运行，有关内容如下：

(1)凡是具有机动性或涉及作业安全性如高空、水下和升降作业等的机械设备，其驾驶和操作均应实行操作证制度。操作人员必须通过技术考核，取得操作证后方准单独驾驶或操作该种机械设备进行施工作业。技术考核应由公路局或公司(或工程局)一级主管部门会同技术、教育、公会和安全等部门负责组织实施。

(2)对操作证实行定期审验制度，应通过理论和实践培训考核的方式，对操作人员进行继续培训。考核合格者方可通过操作证的定期审验，定期审验视具体情况每1～4年进行一次。对发生机械事故的操作者，应根据情节轻重、责任大小，决定是否通过定期验审、是否收回当事人的操作证。

(3)为了培养一专多能型人才，鼓励一个人同时拥有几个机种的操作证。

7. 巡回检查制度

(1)为加强设备维修保养,消除隐患,保持机械良好的技术状态,必须坚持巡回检查制度。

(2)机械使用交接班时,均应由操作人员按规定路线对该台设备的各个部分进行一次详细、全面的巡回检查;正在使用的机械,也应利用休息停机间隙进行巡回检查。检查中发现的问题,应立即采取有效措施,予以纠正,并记入运转记录中,重大问题要向上级及时报告。

(3)各单位机电负责人(或机电主管工程师),应每日到现场对所管辖的主要机械设备进行一次巡视检查,对操作人员填写的运转记录和交接班记录进行复核确认。

1.2 机械使用的一般规定

1. 机械设备使用的基本规定

(1)操作人员应体检合格,无妨碍作业的疾病和生理缺陷,并应经过专业培训、考核合格取得有关主管部门颁发的操作证或公安部门颁发的机动车驾驶执照后,方可持证上岗。学员应在专人指导下进行工作。

(2)操作人员在作业过程中,应集中精力正确操作,注意机械工况,不得擅自离开工作岗位,尤其在机械工作状态时,操作人员更不得离开机械。严禁将机械交给其他无证人员操作。严禁无关人员进入作业区或操作室。

(3)操作人员必须严格遵守机械设备的有关保养规定,认真及时地做好各级保养。正确操作,合理使用,严禁违章作业。经常保持机械处于完好状态。

(4)实行多班作业的机械,应严格执行交接班制度,认真填写交接班记录;接班人员经检查确认无误后,方可进行工作。

(5)在工作中,机械操作人员和配合作业人员必须按规定穿戴劳动保护用品,不得穿拖鞋及高跟鞋,女工应戴工作帽,长发应束紧不得外露,高空作业时必须系安全带。

(6)现场施工应具备为机械作业提供道路、水电、机棚或停机场地等必备的条件,并消除对机械作业有妨碍或不安全的因素。夜间作业应设置充足的照明,必要时安排专人进行指挥。

(7)机械进入作业地点后,施工技术人员应向操作人员进行施工任务和安全技术措施交底。操作人员应熟悉作业环境和施工条件,听从指挥,遵守现场安全规则。

(8)机械必须按照出厂使用说明书规定的技术性能、承载能力和使用条件,正确操作,合理使用,严禁超载作业或随意扩大使用范围。

(9)机械上的各种安全防护装置及监测、指示、仪表、报警等自动报警、信号装置应完好齐全,有缺陷时应及时修复。安全防护装置不完整或已失效的机械不得使用。

(10)机械不得带病运转。运转中发现不正常时,应先停机检查,排除故障后方可使用。

(11)凡违反《安全操作规程》的作业命令,操作人员应先说明理由后可拒绝执行。由于发令人强制违章作业而造成事故者,应追究发令人的责任。

(12)新机、调入、经过大修或技术改造、自制的机械和电气设备,使用前必须进行技术鉴定。

(13)机械在寒冷季节使用,应符合机械防寒规定。

(14)机械集中停放的场所,应有专人看管,并应设置消防器材及工具;大型内燃机械应配备灭火器;机房、操作室及机械四周不得堆放易燃、易爆物品。

(15)发电站、变电站、配电室、乙炔站、氧气站、空压机房、发电机房、锅炉房等易于发生危险的场所，应在危险区域界限处，设置围栅和警告标志，非工作人员未经批准不得入内。挖掘机、起重机、打桩机、辅轨机、架桥机等重要作业区域，应设立警告标志及采取现场安全措施。

(16)在机械产生对人体有害的气体、液体、尘埃、渣滓、放射性射线、振动、噪音等场所、生产线或设备，必须配置相应的安全保护设备和三废处理装置，在隧道、沉井基础施工中，应采取措施，使有害物限制在规定的限度内。

(17)停用一个月以上或长期封存的机械，应认真做好停用或封存前的保养工作，并应采取预防风沙、雨淋、水泡、锈蚀等措施。

(18)机械设备使用的润滑油、脂，应符合说明书中所规定的种类和牌号。

(19)所有电器设备都应按《电力设备接地设计技术规程》的规定，做好良好的接地或接零，或加装漏电保安器。

(20)精密机械设备应装防尘、防潮、防震、保温等防护设施。

(21)暴露于机体外部的运动机构、部件或高温、高压带电等有可能伤人的部分，应装设防护罩等安全设施。

(22)易燃、易爆、剧毒、放射性及腐蚀性等危险物品应明确分类，妥善存放，并设专人管理。

(23)使用机械与安全生产发生矛盾时，必须首先服从安全要求。

(24)对尚未列入的新机型，机械管理部门必须根据生产厂说明书要求，制定本企业的安全技术操作规程后，方可投入使用。

2.机械运输和安装

(1)机械设备在运输前，负责指挥的人员要了解被搬运机械的重量、机械的易损部位等，必要时拆除电路和附属设备，锁紧各运动部件，拆去地脚螺丝，准备好适当的工具，并修整铺平道路。

(2)运输时要根据设备的构造，保证捆绑牢固、不超限、不超重，重心稳妥，制动可靠确保行驶安全。撬、顶、拖、拉、推等作业要选择适当的部位进行，以防损坏机械。

(3)使用滚杠滚动机械时，应指定专人替换滚杠，推拉人员和替换滚杠的人员要有联系信号，使动作协调一致。

(4)使用拖拉机或其他机械牵引时要有专人注意观察被拖拉机械四周有无障碍物，一旦发现及时停车。牵引钢丝绳应挂在适当部位，必要时应在钢丝绳下衬垫木板或其他物品，以防损坏机械。牵引时所有人员应与钢丝绳保持适当距离以免绳断伤人。

(5)被运输的机械在停放时要注意停放平稳，在斜坡上一般禁止停放。较高的设备如立式钻床、插床、压力机等，均不得放倒移动、运输和停放。必须放倒时，须设置托架等措施。

(6)机械设备运输前应涂油料、安装底座，有条件时应制作包装箱。汽车、火车运输时，应放在车厢中间，使车厢受力均匀，盖好篷布，捆绑牢固，防止移动。

(7)机械卸车时要稳妥轻放，禁止从车上往下丢甩。

(8)不得在松软地段，危岩塌方、边坡或可能受洪水、飞石、车辆冲击的处所安装机械。在特殊情况下应有可靠的防护措施，确保安全后才能安装。

(9)机房布置要参照机械说明书和实际需要修建。机房要保证机械防风、防雨、防冻等要求，面积要适当，便于操作维修，必须留有适当的通道，制配车间的距离不得少于1.5m，通道宽度不得少于2m。应有足够的照明，良好的通风条件，对临时使用的机械亦应有必要的停机防护设施。

(10)机械设备一般采用斜位排列,以防工件、铁屑、刀具飞出伤人。

(11)机械设备的安装技术要求,应参照机械说明书的有关规定,底座必须稳固,纵横水平度要符合要求,精密机床应有适当的防震设施。安装完毕后应进行安全检查及性能试验,并经试运转合格后,方可投入使用。

3.机械走合期使用规定

(1)新机或经过大修的机械设备,应遵守原制造厂或大修厂的走合期规定。除此以外应参照:机械走合期一般规定为60h,内燃机械为100h,电动机为50h,汽车及轨行车辆为1000km。

(2)走合期间,应采用符合其内燃机性能的优质燃料和润滑油料。

(3)启动发动机时,严禁猛加油门,严寒季节启动发动机时,必须采取预热措施。

(4)机械运转和使用中,应操作平稳,严禁骤然增加转速或载荷,以防发动机产生突爆,避免各传动机构承受急剧冲击。

(5)走合期内,应注意机械各部运转情况,检查轴承、齿轮等的工作温度,如出现异常现象时,应及时消除。

(6)在发动机运转达到额定温度后,应对汽缸盖螺栓进行检查和紧固。

(7)推土机、铲运机和装载机及起重机在走合期内,要控制刀片铲土和铲斗吃土深度,减少推土、铲土量和铲斗装载量及起重量,开始从50%载荷逐渐增加,不得超过额定载荷的80%。

(8)挖掘机在走合期的前30h内,应先挖掘较松的土壤。每次装料为斗容量的1/2,以后70h内,装料量可逐步增加。但不得超过斗容量的3/4,并适当降低操作速度。

(9)汽车在走合期内,载重量应按规定标准减载20%~30%,不得拖带挂车,行驾中应避免使发动机突然加速。

(10)电动机械在走合期内应减少载荷20%~30%,齿轮箱按季节采用规定粘度的滑润油,在走合期满时,应检查润滑油的清洁情况,必要时更换。

(11)其他机械在走合期内,可参照规定,采取减速30%和减载荷20~30%。

(12)走合期满后,应根据走合期内运转情况,对机械各部进行检查调整,并进行一次全面的拆洗保养,清洗各部油道、水套、滤清器、油底壳、水箱等部分,更换润滑油、液压油等加注润滑脂(油),并将使用运转情况记入履历簿内。

(13)机械在走合期内应悬挂有走合期字样的标志牌,使有关人员能注意走合期使用规定,待走合期满后即取下。

(14)在走合期内,任何人不得拆除限速装置的铅封。待走合期满后,由厂方服务人员或在机械技术人员监督下,方可拆除。

(15)机管人员在机械走合期前,应把走合期各项要求和注意事项向机长交代,走合期中,应检查机械使用运转情况。

4.机械防寒

(1)一般规定。

①冬季时采用冬季使用机械的安全技术措施,入冬以前应对机械操作人员进行一次冬季使用机械的安全技术教育。同时要做好防寒物资的供应工作。

②入冬前应对在用设备进行一次换季性保养,检查技术状况,换用适合本地区气温情况的防冻液、燃油、润滑油、液压油及安装预热、保温装置。凡带水作业设备(如水泵等)及有冷水循

环系统的发动机等，停用时，应按有关规定将机体内的水放尽。

③根据不同气温（气温在－20℃以下为严寒地区，在－20℃～－10℃为寒冷地区，－10℃～0℃为一般寒冷地区），准备相应的预热防寒设备，如停机房、喷灯、内燃机、启动设备和辅助电瓶、防滑链条、操作和机修人员等的防寒用品等。

④做好机械设备冬季保温工作，无条件进入室内的机械设备，应搭设机棚，露天存放的大型机械应停放在避风处，不得停放在泥泞、积水的地面上。电动机械入冬前应检查或更换轴承润滑脂。

(2)机械的防冻措施。

①有冷却系统的机械设备，在气温降到5℃以下时，应每日放水或加入防冻液，发动机应将节温器装好，加盖保温套。

②加防冻液前，应对机械的冷却系统进行清洗，并详细检查水箱、水套、水管及接头等处，应无渗漏。根据当地气温情况，按照规定比例配制防冻液。严禁用口尝试防冻液。加注防冻液的发动机，应有明显提示。

③加入的防冻液应较水容量减少6%，防止受热膨胀后防冻液外溢。防冻液如有缺少应及时添加。比重符合规定。

④为加速严寒地区发动机的启动，防冻液可每日放出，启动前须在有盖容器内进行预温后再加入，其温度不得超过80℃。天气转暖气温经常保持0℃以上时，可将防冻液放出，换用净水。

⑤寒冷地区启动发动机前，应将水加热到60℃～80℃再注入冷却系统。如发动机未能启动而加入的热水已降温到10℃左右，应速将水放出，重新加入热水，再行启动。

⑥作业中，如临时停车，应将保温套盖好，并放下通风口窗幕。如停机时间较长，冷却水有可能冻结时应放尽各部积水。作业后，应即放尽各部积水。

⑦放水时，机械应放于平坦位置待水温降到50℃～60℃时，打开水箱盖和水套、水箱、水泵的放水塞。操作人员必须注视放水情况，防止放水塞冻结或因盖子盖紧造成水管部分真空堵塞。在观察确认积水全部放尽后，各放水塞应保持开启状态，并悬挂“无水”标牌，方可离开。

(3)机械的润滑。

①根据原厂使用说明书规定，结合本地区气温情况，选定合适的冬用润滑油，进行保养、更换。

②在严寒地区润滑系统无预热装置时，应在工作后将曲轴箱内润滑油全部放出，启动前应将放出的润滑油加温到70℃～80℃后再注入曲轴箱。同时必须保持润滑油的洁净，严禁用明火直接燃烤曲轴箱加温。

③气温在－10℃以下的寒冷地区，如机械各齿轮箱的原用齿轮油粘度过高时，可掺加冬用柴油或机油稀释原齿轮油。

④在严寒地区，必须将内燃机械的发电机的充电量提高到10～15A。应经常检查电瓶电液的比重不得低于1.23，并加保温装置。

(4)冬季使用施工机械设备的注意事项。

①寒冷地区启动内燃机应先使内燃机曲轴转动多转后，再行启动。严禁用机械拖、顶的方法。露天停放的机械，除机油和冷却液应预热外，亦可用喷灯加热进气歧管。启动后，应先低速空转使温度上升，再逐步增加转速，严禁刚一启动，即猛轰油门。

②严寒和寒冷地区操作机械时，必须戴手套作业。冬季驾驶车辆不得用最高档在有积雪

和冰层的道路上及较窄的地方快速行驶。上下坡和急转弯时应避免紧急制动。

③应保持轮胎的正常气压，不得有过高或过低现象。轮式机械在冰雪道路上行驶应装防滑链。在斜坡或沟边等场所作业时，更应注意安全。

④严寒地区水泵使用时，应将进水管提出，排尽泵体所有积水。

⑤混凝土搅拌机、砂浆搅拌机、灰浆泵、混凝土泵等机械在停止运转后，必须将机械内物料倒尽，用清水冲洗干净，并将积水放尽。

⑥空气压缩机停止运转后，应将储气罐内积水放尽。

5. 防雷措施

(1)下列设备和建筑物应装设避雷针(线)进行直击雷保护。

①电站机房，配电控制室；

②露天变电站；

③露天油库建筑物；

④炸药库和雷管库；

⑤各类高层建筑、电视天线、通信天线；

⑥其他需要防雷的设施。

(2)防雷接地装置的工频接地电阻不大于10欧姆。

①独立避雷针的工频接地电阻不大于10欧姆；

②电力线路架空避雷线的接地电阻，根据土壤电阻率的不同分别为10～30欧姆；

③变配电所母线上的阀型避雷器接地电阻不大于5欧姆；

④变配电所架空进线段上管型避雷器接地电阻不大于10欧姆；

⑤其他建筑物的避雷针(线、带)接地电阻不大于30欧姆。

(3)为防止避雷装置锈蚀、损坏，每年雷雨季节来临前，应对各种防雷装置予以检查。

6. 机械用油

(1)机械用润滑油的规定。

①进油规定。

a. 各种润滑油(脂)必须有出厂合格证。不符合要求的不能进货，更不能使用。

b. 油料出厂日期到进货日期超过半年的，必须有最近半月之内的油品成分重新化验的化验单，否则不能接收。

c. 不得采购非国家定点厂生产的各种润滑油(脂)。

②油料管理规定。

a. 凡机械用油必须设专人管理，建立油品进发料制度和账目，每一品种的油料容器必须有该油品的成分化验单。同时标明生产厂家、出厂日期、进货日期。

b. 本着先进先用，后进后用的原则，做好领发料记录，发放油料的名称和牌号要按批准的牌号和名称及数量发放。

c. 各种机械用油(脂)，必须存放在房子里，能阻挡风沙，不漏雨，要加门，设锁。油箱或油桶要保持清洁，开关或桶盖必须拧紧。

d. 对存放超过半年的油料要每月作一次抽样化验分析，并将其分析结果装订成册备查。

(2)润滑油料使用规定。

①严禁不同厂家的或不同牌号的油料混加。

②加注的机油必须沉淀24小时后加注，液压油必须沉淀72小时后加注，液力传动油、透平油，必须沉淀48小时后加注。加注品要清洁。

③各种机械设备要做好更换各种润滑油(脂)的记录，建立用油档案。

④使用中的机械内部的液压油和液力传动油，每月作一次抽样化验分析，对变质油料除及时更换，减少机械磨损防止事故外，还要对变质原因进行查找并及时处理，以保证机械正常运行。

7. 机械用水的规定

为防止机体内循环水结垢，造成温度过高酿成事故，在给机械加水时，必须做到：

(1)采取外部大循环的机械(如空压机、大型发电机组)的冷却水必须进行软化处理后再注入循环水池。

(2)机体内循环的冷却水，必须经软化处理，没有条件进行软化的可加注经锅炉烧开过的冷开水或蒸馏水。

(3)在雨水较多的地区施工的机械可加注雨水。

(4)严禁用混浊和悬浮物多的河水加入机械做循环水。

(5)使用冷却水池的，要保证水量充足，散热良好，定期换水，定期清洗水池，保证清洁。

1.3　常用机械设备使用一般规定

1. 土石方机械

(1)土石方机械的内燃机、电动机和液压传动装置部分应按动力机械的有关规定执行。

(2)机械进入现场前，应查明行驶路线上的桥梁、涵洞的上部净空和下部承载能力保证机械安全通过。

(3)工作前应查明施工场地明、暗障碍物(如电线、地下电缆、管道、坑道等)地点及走向，保证机械安全作业。严禁在离电缆1m距离以内作业。

(4)工作前要清除工作场内的障碍物，工作时要平稳，严禁野蛮使用机械。

(5)启动机械前，应认真检查、紧固、润滑各部位，确认安全良好，按规定作好启动前的各项准备工作，方能启动使用。

(6)加油、检查电解液时，禁止吸烟或靠近火源。

(7)机械行驶时，禁止搭乘其他人员。

(8)机械行走前，必须确认机械周围没有人或障碍物，发出信号(按喇叭)后方能移动机械。工作中司机离岗时，必须将机械可靠制动，并放下工作装置，必要时在机械前后打上堰。

(9)应随时监视机械各部位的运转及仪表和指示信号的情况，若发现异常(如剧烈振动、异响、异臭、泄漏、温度、压力等突变)，应立即停机检修，情况不明时及时请机械人员处理。

(10)机械未停机时，不应接触转动部位和进行保养修理。在维修、焊、铆工作装置钢结构时，必须使其降到最低位置，并在适当部位垫上垫木。

(11)在电杆附近取土时，注意拉线、地垄和杆身周围应加固。对不能取消的拉线、地垄和杆身应留土台，土台半径：电杆为1～1.5m，拉线为1.5～2m，并视土质情况决定坡度。

(12)机械在高压线下作业或通过时，机体最高点与电线距离不得小于以下规定(见表4-2)：

表 4－2　机体最高点与电线的安全距离

线路电压(kV)	＜1	1～20	35～110	154	220
水平安全距离(m)	1.5	2.0	4.0	5.0	6.0
垂直安全距离(m)	1.5	1.5	2.5	2.5	2.5

否则,应暂时停电或通过线路管理部门安装护线架后,才能进行工作。

(13)涵洞顶部路基填土,必须先由人工夯填,人工填高 1m、宽为涵洞直径 1.5 倍的覆盖土后,才准用机械继续填筑。回填过程必须保持涵洞两侧均衡填筑,防止涵洞单侧受压发生破坏。

(14)机械通过桥梁时应用低速挡慢行,禁止在桥面上使用转向或刹车。承载力不够的桥梁应先采取加固措施。

(15)大型机械不得在行车线上跨轨运土施工。若必须作跨轨施工时,应取得运营有关部门同意,在确保机械与行车安全的前提下修筑运行道,对钢轨枕木采取妥善的防护措施,并在道口设安全防护员。

(16)若机械在铁路行本限界内发生故障或通过轨道造成轨道损伤不能迅速排除而影响行车安全时,应立即派人持红色信号分赴两端各 1000m 外进行停车防护,同时向就近车站或养路部门报告,组织抢修,在未恢复达到行车安全条件前,不得撤除停车防护。

(17)在施工中遇下列情况应立即停工,待恢复作业安全条件时,方可继续施工:

①填挖区土体不稳定,有发生坍塌危险时;

②气候突变,发生暴雨、雷雨、水位暴涨及山洪暴发时;

③在爆破警戒区内发出爆破信号时;

④工作场地发生交通堵塞或严重干扰时;

⑤施工标志丢失,防护设施毁损失效时。

⑥地面涌水冒泥出现陷车或因雨发生坡道滑时;

⑦工作面净空不足以保证安全作业和运行时。

(18)轮式机械在公路或城市道路上行驶时应遵守交通部门的有关规定。

(19)配合机械作业的清底、平地、修坡等人员,应在机械的回转半径以外工作,如必须在回转半径内工作时,必须停止机械回转并制动好后方可作业。机上、机下人员应随时取得密切联系,确保安全生产。

(20)雨季施工时,机械作业完毕应停放在较高的坚实地面上。

(21)挖掘路基基坑时,如坑底无地下水,坑深在 5m 以内,边坡坡度符合比例表(见表 4－3)规定时,可不加支撑。

表 4－3　边坡坡度比例表

土壤性质	在坑沟底挖土	在坑沟上边挖土
砂土 炉渣间填土	1000 750	1000 1000

续表4-3

土壤性质	在坑沟底挖土	在坑沟上边挖土
亚砂土 砾石土	1000 / 500	1000 / 750
亚粘土 泥岩土 白　土	1000 / 330	1000 / 750
粘　土	1000 / 250	1000 / 750
干黄土	1000 / 100	1000 / 330

(22)挖土深度超过5m或发现有地下水或土质发生特殊变化等情况时，应根据土壤的实际性能计算其稳定性，再确定边坡坡度。

(23)停车时，不得停放在坡道上，如必须停时，应放下斗子、刀片等工作机构，确认制动可靠，并在机械前后打上堰。

为了提高设备综合效益和寿命周期费用的经济性，搞好安全操作，机械的使用必须按照集团公司颁布的《机械电力设备安全技术操作规程》和有关规定执行。主要施工机械，尤其公路行驶的运输设备应参加财产保险。

2.动力机械(液压系统及电器设备使用的一般规定)

(1)液压系统。

①操作人员必须熟悉所操作机械的液压系统的结构和工作原理、故障排除及调节方法。

②液压系统所用油料，应符合有关说明书中所规定的液压油种类和牌号，或根据油泵和油马达的结构型式、液压系统采用的压力、环境温度等选用粘度适当的油液。

③保持液压油清洁应做到下列各项：

a.加补油料必须经过严格过滤，向油箱注油应通过规定的滤油器；

b.经常检查和清洗滤油器，发现损坏及时更换；

c.定期进行液压油检测，发现变质及时予以更换；

d.向油箱加注新油的牌号必须与旧油液牌号相同，没有同型号的油液加注时，应将液压系统内的旧油液全部放净，清洗后再换新油液，不同牌号的液压油不许混合使用；

e.做好单机加、换油记录及油品检测记录。

④启动前应仔细检查：

a.油箱油平面是否在上下限之间；

b.冷却器冷却水是否充足，风扇是否完好；

c.液压油泵的出入口和旋转方向应与标牌一致，拆装联轴器时不得敲打泵轴；

d.液压缸的软管连接不得松弛，各部阀的出入口不得装反。法兰螺丝按规定扭力拧紧，液压缸密封圈松紧应适度；

e.各液压元件及管路的固定是否牢固，软管应无急弯或扭曲，不得与其他管道或物件相撞和摩擦；

f.压力表是否正常，开关是否灵活；

g.传动皮带张紧程度是否适当；

h.所有操作杆是否处于中位；

i.在严寒地区，可更换低凝点油液。

⑤启动后应注意事项。

a.在低温或严寒地带启动油泵时，可用加热器提高温度。启动后，当油温低于10℃时，应使液压系统在无负荷状态下运转20min以上。

b.冬季用加热器加热油箱时，不宜使油温过高，因油温过高，零件与油温差过大，膨胀不一，易产生咬死现象。

c.停机时间较长的油泵和油马达，启动后应空转一段时间，才能正常使用。

d.溢流阀的调定压力不得超过液压系统允许的最高压力，检查各操纵阀、管路、管接头等是否有破损漏油的地方，检查液压装置及杆件机构是否运转灵活，确认一切正常后方可进行工作。

⑥运转中在系统稳定工况下，随时注意油温、压力、噪音、振动等情况，并经常检查液压缸、油马达、换向阀及溢流阀等的工作情况。

⑦液压油的工作温度一般应保持在30℃～80℃范围内，使用中应尽量控制油温不得超过所允许的上限值。

⑧注意液压吸入管及泵轴密封部分等低于大气压的地方不要漏入空气，以免影响系统正常工作。

⑨当开启放气阀或检查高压系统泄漏时，不得面对喷射口的方向。

⑩高压系统发生微小或局部喷泻时，应立即卸荷检修。不得用手去检查或堵挡喷泻。

⑪蓄能器注入气体后，各部分不得拆开或松动螺丝。在拆蓄能器封盖前，必须先放尽器内气体，确认无压力后方可拆开。

⑫液压系统工作中，如出现下列情况，应停机检查：

a.油温过高超过允许范围；

b.系统压力不足或完全无压力；

c.流量过大过小或完全不流油；

d.压力或流量脉动；

e.严重噪音或振动；

f. 换向阀动作失灵；

g. 工作装置机能不良或卡死；

h. 管系泄漏内渗、串压、反馈严重时。

⑬工作完毕后工作装置及控制阀等均应回复原位。

⑭认真进行保养。长时间不使用时，对外露的活塞杆应涂黄油以防锈蚀。

⑮拆检某系统及管路时，应确保系统内无高压，方可拆检。

(2)电气设备。

①电气设备必须由专职电工或在专职电工的指导下进行维修，修理前必须切断电源，并挂上“禁止合闸”牌或派人守闸，严防误送电。

②电源电压必须与电气设备额定电压相同(三相电压变动量应在5%范围内)。供电变压器的容量必须满足机械设备的要求，并应按规定配备电动机的启动装置。所用保险丝必须符合规定，严禁用其他金属丝代替。

③所有用电设备都应在其线路上安装合格的触电保安器。

④电动机驱动的机械设备在运行中移动时，应由穿戴绝缘手套和绝缘鞋的人移动电缆，并防止电缆擦损。如无专人负责电缆时，应由操作人员负责照顾，以免损坏而导致触电事故。

⑤电气装置掉闸时，应查明原因，排除故障后再合闸，不得强行合闸。

⑥电气设备启动后应检视各种电气仪表，待电流表指针稳定和正常时，才允许正式工作。

⑦定期检查电气设备的绝缘电阻是否符合规定，不应低于1000Ω/V(如对320V绝缘电阻应不小于0.22MΩ)。

⑧漏电失火时，应先切断电源，用四氯化碳或干粉灭火器灭火，禁止用水或其他液体灭火器泼浇。

⑨发生人身触电时，应立即切断电源，然后用人工呼吸法作紧急救治。但在未切断电源之前，禁止与触电者接触，以免再发生触电。

⑩所有电气设备应接地良好，不得借用避雷器地线做接地线。

⑪电气设备的所有连接桩头应紧固，并须作经常的检查，如发现松动应先切断电源，再行处理。

⑫各种机械的电气设备，必须装有接地、接零的保护装置，接地电阻不得大于10Ω，但在一个供电系统上不得同时接地又接零。

⑬各种机械设备的电闸箱内，必须保持清洁，不准存放任何东西，并应配备安全锁。未经本机操作人员和有关人员的允许，其他人员不准随意开箱拉、合线路总闸或分段线闸，以防造成事故。

⑭用水清洗电动施工机械时，不得将水冲到电气设备上去，以免导线和电气设备受潮。

⑮电气设备应存放于干燥处。在施工现场上，各种电气设备应有妥善的防雨、防潮设施。

⑯工作中如遇停电，应立即将电源开关拉开，并挂上“禁止合闸”的标示牌。

⑰修理和保养机械时，不仅要切断电源，拔下保险丝，还应在电闸上加锁，同时挂上“修理机械禁止合闸”的标示牌。合闸时，必须与检修人员联系妥当后方可合闸。

⑱电器工作完毕后，应及时切断电源，并锁好闸箱门。

3. **起重机械**

(1)作业前准备。

①起重机的内燃机、电动机和液压系统部分,应按动力机械有关规定执行。

②起重机作业时,应有足够的工作场地,地面必须平整、坚实,起重臂杆起落及回转半径内无障碍物。

③各类起重机必须装有音响清晰的喇叭、电铃或汽笛等信号装置。在吊钩、动臂、平衡重转动体上标以鲜艳的色彩标志。

④作业前,必须对工作现场环境、行驶道路、架空电线、建筑物以及构件重量和分布等情况进行全面了解。

⑤遇有六级及以上大风或大雨、大雪、大雾等恶劣天气时,应停止起重机露天作业。

⑥起重机不得靠近架空输电线路作业,如限于现场条件,必须在线路近旁作业时,应采取安全保护措施。起重机与架空输电导线的安全距离不得小于表 4-4 的规定。

表 4-4 起重机与架空输电导线的安全距离(m)

输电导线电压(kV)	1 以下	1～1.5	20～40	60～110	220
允许沿输电导线垂直方向最近距离	1.5	3	4	5	6
允许沿输电导线水平方向最近距离	1	2	2	4	6

⑦起重机使用的钢丝绳,应有制造厂的技术证明文件作为依据。如无证件时应经过试验合格后方可使用。

⑧起重机使用的钢丝绳,其结构型式、规格、强度必须符合该型起重机的要求。卷筒上钢丝绳应连接牢固,排列整齐,放出钢丝绳时,卷筒上至少要保留三圈以上。收放钢丝绳时应防止钢丝绳打结、扭结、弯折和乱绳。不得使用扭结、变形的钢丝绳。

⑨钢丝绳采用编结固接时,编结部分的长度不得小于钢丝绳直径的 15 倍,并不得少于 300mm,其编结部分应捆扎细钢丝。采用绳卡固接时,数量不得少于 3 个。绳卡的规格数量应与钢丝绳直径匹配(见表 4-5)。最后一个卡子距绳头的长度不小于 140mm。绳卡滑鞍(夹板)应在钢丝绳工作时受力一侧,“U”形螺栓须在钢丝绳的尾端,不得正反交错。绳卡固定后,待钢丝绳受力后再度紧固,并应拧紧到使两绳直径高度压扁 1/3 左右。作业中必须经常检查紧固情况。

表 4-5 与绳径匹配的绳卡数

钢丝绳直径(mm)	10 以下	10～20	21～26	28～36	36～40
最少绳卡数(个)	3	4	5	6	7
绳卡间距(mm)	80	140	160	220	240

⑩每班作业前,应对钢丝绳所有可见部分以及钢丝绳的连接部位进行检查。钢丝绳表面磨损或腐蚀使原钢丝绳的名义直径减少 7%时或变形或在规定长度范围内断丝根数达到表 4-6规定时应予更换。

表4-6　钢丝绳断丝更换标准(d=绳径)

钢丝绳结构型式	断丝长度范围	钢丝绳号			
		6×19+1	6×37+1	6×61+1	18×19+1
交　捻	$6d$	10	19	29	27
	$30d$	19	38	58	54
顺　捻	$6d$	5	10	15	18
	$30d$	10	19	30	27

⑪起重机的吊钩和吊环严禁补焊，有下列情况之一的即应更换：

a. 表面有裂纹；

b. 危险断面及钩颈有永久变形；

c. 挂绳处断面磨损超过高度10%；

d. 吊钩衬套磨损超过原厚度50%，心轴(销子)磨损超过其直径的3%～5%；

e. 吊钩开口度增大值超过15%；

f. 吊钩扭转变形超过10%。

⑫起重机制动器的制动鼓表面磨损达1.5～2.0 mm时(大直径取大值，小直径取小值)或制动带磨损超过原厚度50%时均应更换。

⑬每年必须进行一次定期检查，除检查所有零部件外，还应进行静、动负荷试验。

(2)作业中注意事项。

①操作人员在进行起重机回转、变幅、行走和吊钩升降等动作前，应鸣声示意。

②起重机作业时，操作人员应与指挥人员密切配合。操作人员应严格执行指挥人员的信号，如信号不清或错误时，操作人员可拒绝执行。如果由于指挥失误而造成事故，应由指挥人员负责。

③操纵室远离地面的起重机在正常指挥发生困难时，可设高空、地面两个指挥人员，或采取有效联系办法进行指挥。

④起重机的变幅指示器、力矩限制器以及各种行程限位开关等安全保护装置，必须齐全完整、灵敏可靠，不得随意调整和拆除。严禁用限位装置代替操纵机构。

⑤起重机作业时，重物下方不得有人停留或通过。严禁非载人起重机载运人员。

⑥起重机械必须按规定的起重性能作业，不得超载荷和起吊不明重量的物件。

⑦严禁使用起重机进行斜拉、斜吊和起吊地下埋设或凝结在地面上的重物。现场浇注的混凝土构件或模板，必须全部松动后方可起吊。

⑧起吊重物时应绑扎平稳、牢固，不得在重物上堆放或悬挂零星物件，零星材料或物件，必须用吊笼或钢丝绳绑扎牢固后方可起吊。标有绑扎位置或记号的物件，应按标明位置绑扎。绑扎钢丝绳与物件的夹角不得小于30°。

⑨起重机在雨雪天气作业前，应先经过试吊，确认制动器灵敏可靠后方可进行作业。

⑩起重机在起吊满载荷或接近满载荷时，应先将重物吊起离地面200～500mm停止提升，检查起重机的稳定性、制动器的可靠性、重物的平稳性、绑扎的牢固性，确认无误后方可再提升。对有可能晃动的重物，必须栓拉绳。

⑪重物提升和降落速度要均匀。严禁忽快忽慢和突然制动。左右回转动作要平稳，当回转未停稳前不得作反向动作。非重力下降式起重机，严禁带载自由下降。

4.运输机械

(1)严格遵守《中华人民共和国道路交通安全法》有关规定，不得超载。

(2)运输机械的内燃机、电动机和液压系统应按有关规定执行。

(3)启动前，应重点检查轮胎气压、燃油、冷却水、各部连接件等，确认无误后，方可启动。燃油箱盖必须加锁。

(4)启动时，严格按照说明书规定的程序进行。寒冷季节禁止用明火预热供油系统。

(5)用摇柄启动时，握柄五指需在摇柄下方朝上提。不可往下压或双手抱柄摇车。

(6)启动后，必须认真检查汽车各部。特别是制动器、制动空气压力、转向机构、仪表、灯光、喇叭、刮水器、后视镜等部件。确认无误后，待水温升到40℃以上时，方可开车。禁止驾驶性能不良的运输机械出场。

(7)行驶中，应经常观察各仪表、指示器、警报灯的工作状态。发现显示不正常时，应立即停车，及时查找原因。禁止在车辆不正常状态下未经处理强行驾驶。

(8)在长大下坡路段行驶时，禁止将发动机熄火或将变速杆置于空挡。设有发动机排气制动装置的车辆，应使用排气制动。上下陡坡时，应预先换入低速挡。不准在陡坡上换挡。过铁路平交道口时不准换挡。

(9)涉水行驶前，必须确认水底路面安全无误。不准强行涉水，汽油机汽车应防止水湿电器。

(10)涉水行驶后，应低速使用手、脚制动器数次，以使摩擦片干燥，确保行车安全。

(11)在途中临时处理的故障，回场后必须进行正式的修理。

(12)停放时，应将发动机熄火，拉紧手制动器，锁死车门。禁止在发动机运转中驾驶员离开车辆，或是离开时不锁车门。

(13)在坡道停放时，汽油机汽车在下坡停放应挂上倒挡；上坡停放应挂上一挡，并使用三角木楔紧车轮。柴油机汽车禁止在坡道上驻车。

(14)平头型汽车需倾斜驾驶室时，应拿掉放在座椅上和靠背后的物件，确认前方和上方有1m以上的空间，关紧车门，方可倾斜并锁定。复位时，应检查无遗忘的物件后再复位并锁定。禁止未确认锁定时即启动驾驶。

(15)热机状态需开启散热器盖时，应先用布将盖蒙上，有减压装置的再将减压杆提起，然后再缓慢拧开，同时将脸部、手部躲开盖的上方，以防烫伤。

(16)汽车在行驶中掛住电力线路时，司机可在车上待救或自救，严禁脚踏地同时手抓车，以防电击。

(17)车辆经修理后试验脚制动器时，必须遵守下列各款：

①车辆由正式驾驶员驾驶。车辆上不准载物、载人。车辆手制动器作用良好。

②试验前，要确认前方及左右两边有足够的安全距离。

③试验时，先低速试一次至二次，如无问题再按规定时速试验。不准高速试验。

④如需在道路上试车，必须到公安机关办理试车号牌。试车时，不得妨碍其他车辆的正常行驶。

5.混凝土及钢筋机械

(1)混凝土机械的一般规定。

①混凝土机械上装置的内燃机、电动机、空压机以及液压系统应按动力机械的有关规定执行。

②作业场地要有良好的排水条件,机械近旁应有水源,机棚内应有良好的通风、采光及防雨、防冻条件,并不得积水。

③固定式机械要有可靠的基础,移动式机械应在平坦坚硬的地坪上用方木或撑架架牢,并保持水平。

④气温降到5℃以下时,管道、泵、机内均应采取防冻保温措施。

⑤作业后,应及时将机内、水箱内、管道内的存料、积水放尽,并清洁保养机械,清理工作场地,切断电源,锁好电闸箱。

⑥装有轮胎的机械,转移时拖行速度不得超过15km/h。

(2)钢筋机械的一般规定。

①钢筋加工机械以电动机、液压为动力,以卷扬机为辅机者,应按有关规定执行。

②机械的安装必须坚实稳固,保持水平位置。固定式机械应有可靠的基础,移动式机械作业时应楔紧行车轮。

③室外作业应设置机棚,机棚应有堆放原料、半成品的场地。

④加工较长的钢筋时,应有专人帮扶,并听从操作人员指挥,不得任意推拉。

⑤作业后,应堆放好成品。清理场地,切断电源,锁好电闸箱。

6.基础及水工机械

(1)打桩机司机必须身体健康,无色盲和其他有碍打桩作业安全操作疾病。

(2)打桩机组人员必须熟悉安全操作规程,严禁违章操作。

(3)打桩机组人员,必须分清各自的职责任务。听从指挥员指挥,做到安全、有效地协助司机进行打桩作业。

(4)要规定联系指挥信号,并应指定专人负责指挥。指挥员必须凭合格证上岗指挥。打桩机组人员,均需熟悉联系指挥信号,保持正确联系,确保安全。

(5)打桩机组人员,登高检查桩机、桩架或拆卸机件时,必须使用安全带。不得将工具及其他物件搁在桩架上,以免落下伤人。

(6)打桩工作开始前,应向施工人员了解施工任务、施工场地条件、地质条件及安全措施。打桩机型号应根据桩基种类、桩重、桩径、埋设深度、地质情况、施工工艺等综合考虑选择。禁止使用不适当或已损坏的打桩机械。

(7)打桩机所配置的电机、卷扬机、内燃机、液压装置等应按有关规定执行。

(8)施工场地应按坡度不大于1%,地耐力不少于83kPa的要求进行平整压实。在基坑和围堰内打桩,要配备足够的排水设备。

(9)打桩机周围5m以内应无高压线路,作业区应有明显标志或围栏,严禁闲人进入。作业时,操作人员应在距桩锤中心5m以外监视。

(10)水上打桩时,需选择排水量比打桩机重量大四倍以上的作业船或牢固排架,打桩机与船或排架应可靠固定并采取有效的锚位措施。打桩船或排架的偏斜度超过3°时,应停止作业。

(11)桩锤的选择应按《建筑地基与基础工程施工质量验收规范》(GBJ 50202—2002)中的要求执行。安装时,应将桩锤运到桩架正前方 2m 以内,不得远距离斜吊。

(12)用打桩机吊桩时,必须在桩上拴好拉绳。起吊 2.5m 以外的混凝土预制桩时,应将桩锤落在下部,待桩吊进后,方可提升桩锤。严禁吊桩、吊锤、回转或行走同时进行。桩机在吊有桩和锤的情况下,操作人员不得离开岗位。

(13)插桩后应及时校正桩的垂直度,桩入土 3m 以上时,严禁用打桩机行走或回转动作纠正桩的倾斜度。

(14)拔送桩时,要严格掌握不超过打桩机起重能力,载荷难以计算时,可参照如下方法掌握:

①打桩机为电动卷扬机时,拔送桩时载荷不得超过电机满载电流。

②打桩机卷扬机以内燃机为动力时,拔送桩时如内燃机明显降速,应立即停止起拔。

③打桩机为蒸汽卷扬机时,拔送桩时,如在额定蒸汽压力下,卷扬机产生降速或停车,应即停止起拔。

④每米送桩深度的起拔载荷可按 4t 计算。

(15)每班作业前,应对钢丝绳所有可见部分及钢丝绳的连接部位进行检查。钢丝绳表面磨损或腐蚀使原钢丝绳的名义直径减少 7%或在规定长度范围内,断丝根数达到规定时应予更换。卷扬钢丝绳应经常处于润滑状态,防止干摩擦。吊锤、吊桩可使用插接的钢丝绳,但不得使用不合格的起重卡、索具。

(16)作业中,停机时间较长时,应将桩锤落下垫好。除蒸汽打桩机在短时间内可将锤担在机架上外,其他的打桩机均不得悬吊桩锤进行检修。

(17)遇有大雨、雪、雾或六级以上大风等气候,应停止作业。当风速超过七级或有强台风警报时,应将打桩机顺风向停置,增加缆风绳,必要时,应将桩架放倒在地面上。

(18)雷雨季节施工的打桩机,应装避雷器,接地电阻不宜超过 4Ω,在雷电交加时,应停止作业,人员必须远离桩机。

(19)作业后,应将桩机停放在坚实平整的地面上,将桩锤落下,切断电源,使全部制动生效。

7.木工机械

(1)木工操作场所应备有齐全可靠的消防器材。严禁烟火,并不得存放油、棉纱等易燃品。

(2)工作场所的待加工和已加工木料应堆放整齐,保证道路畅通。

(3)操作人员工作时,要扎紧袖口,理好衣角,扣好衣扣,但不许戴手套。

(4)机械应保持清洁,链条、齿轮和皮带等转动部分的防护装置应齐全可靠,各部连接紧固,工作台上不得放置杂物。

(5)机械的皮带轮、锯轮、刀轴、锯片、砂轮等高速转动部件应在安装时做好平衡试验。各种刀具不得有裂纹破损。

(6)装设有气力除尘装置的木工机械,作业前应先启动排尘风机,经常保持排尘管道不变形、不漏气。

(7)机械运转前,必须对规定部位加注润滑油和先试车,待各部分运转正常后方可开始工作。

(8)机械运转中,如有不正常声音或发生其他故障时,应马上停车检修。

(9)用铁钩吊运木材时,应将铁钩插入木材内,不得钩在木材的表面,以防木材掉下造成事故。

(10)严禁在机械运行中测量工件尺寸和清理机械上面和底部的木屑、刨花和杂物。

(11)运行中不准跨过机械传动部分传递工件、工具等。排除故障、拆装刀具时必须待机械停稳后,切断电源,方可进行。操作人员与辅助人员密切配合,以同步匀速接送料。

(12)根据木材的材质、粗细、湿度等选择合适的切削和进给速度。加工前,应从木料中清除铁钉、铁丝等金属物。

(13)作业后,切断电源,锁好闸箱,进行擦拭、润滑、清除木屑、刨花。

8.金属加工及维修机械

(1)金属切削机床中有关电动机、液压装置部分应按动力机械有关规定执行。

(2)保持工作环境清洁卫生,加工件应堆码整齐在规定位置,工作区间通道应保持畅通无阻。

(3)床面及各运动零件应清洁无杂物,并不得置放工具、刀具、量具和材料以及其他物料件。

(4)电气开关和电源接地应正常,电路系统接线应正确无漏电,启动、停止等动作应可靠。

(5)明确岗位责任制,操作者应负责保管好和使用好机床,凡两人以上上机操作时,要指定一名机床操作长,便于统一指挥。

(6)机床上一切安全防护装置,不准随便拆除,工作时禁止戴手套。

(7)确认以下各项可靠后,方可启动:

①按机床技术性能要求,顺序检查各部件应完好无损,螺栓紧固可靠无松动,附件安装牢固。

②用手扳动传动机构应转动灵活、轻快,皮带传动接头要牢靠。

③检查安全防护装置和制动装置应正常。

④润滑油的规格品种应符合原机要求,检查油清洁度是否在规定范围内,油平面位置不得低于油标线以下。

⑤检查润滑油路正确,油管无弯扁,油路系统无泄漏,避免由于润滑不良发生不正常的过热和振动,导致设备故障。

⑥各操作手柄应放在“空挡”位置,各挡手柄转动灵活,此时进给摩擦离合器必须脱开。

⑦检查、调整各紧固件、操纵件、导轨的间隙。

⑧用扳手摇分配轴或试验夹紧力后,立即取下扳手。

⑨手摇各传动机构,在确认各处无故障后,方能启动机床。

(8)运转中注意事项。

①操作机床时,应站在安全位置上,在切削过程中,操作人员面部切勿正对切口,以避开切屑飞溅。不得在切削行程内检查切削面。

②机床启动后,应低速运转1~2min,待各润滑点充足润滑,运转动作平稳正常后,方能进入工作速度正式操作。如机床久停后首次启动,则应先用点动按钮点动分配轴转1~2转,再开动机床。

③不准用手直接清除铁屑,应用专用工具。

④不准用计量器具测量工件尺寸,不准校正工件装夹位置。

⑤不能擅离机床工作岗位，如必须离开时，应在停机、切断电源后。不得用人力和工具强行停机。

⑥严禁用手摸、身触或用棉纱擦拭工件和机床联动部分。

⑦严禁换装工件，装卸刀具、齿轮和皮带等。

⑧如发现运转不正常或响声异常，应立即停机进行检查和维修。

(9)停机注意事项。

①待工作完毕后，应先脱开进给摩擦离合器后，立即切断电源，退出刀架、尾座等，各操作手柄应放在空挡位置，做好机床和工作区间的清洁保养工作，各配合面和轴承处应加注润滑油。

②当机床停机进行修理、调整、安装附件、换交换齿轮等工作时，应将机床总开关放在"断开"位置，以防误操作而引起事故。

9.线路设备

(1)所有操作和维修人员，必须经过培训并通过考试达到相应的技术水平方可持证操作及维修。

(2)当转向架液压驱动装置减速箱齿轮接合时，严禁拖拉或连挂本机，当铺轨机处于停放或长途挂运状态时，必须将减速箱齿轮分离。

(3)在使用铺轨机前检查下列内容：报警系统、运行灯、制动系统、发动机机油报警灯、电池充电显示装置。

(4)发动机转速未达到正常转速前，请勿使铺轨机行走，否则会因"气穴"造成油泵的损坏。铺轨机作业前按喇叭警示，确认铺轨机行走时没有人处于危险状态。

(5)当钢轨端部脱开车体或各工作机构时，与钢轨保持适当的距离，以防钢轨伤人。

(6)卷扬机工作状态时经常不定期检查钢丝绳状态，每工作250小时，对钢丝绳进行润滑。发现问题，要及时更换钢丝绳。

(7)工作状态下经常不定期检查各运动副的磨耗情况，当磨耗过量使机构动作达不到要求时，要更换衬套、销和耐磨软带。定期检查各运动副，保证动作顺畅。按照使用说明书定期清洗并更换润滑脂，保证润滑良好。

(8)施工完毕后，将机组恢复到停放状态，停止发电机组运行，所有电气控制恢复至零位；拔下开机钥匙、断开电瓶与负载连线。

(9)当机器转移工地时，确认工作机构正常锁定，并处于挂运状态。

1.4 机械设备合理使用的标志

工程机械使用管理的总目标是要达到合理使用的目的。所谓合理使用主要有下列三个标志，即高效率、经济性与无不正常损耗。

1.高效率

高效率含义是指在单位时间内(年、季、月或台班)机械设备实际完成的产量与其生产能力(或产量定额)的比值。该比值越大机械效率越高。它是衡量工程机械生产技术性能是否得以充分发挥的指标。在综合机械化组列中至少应使主要机械设备能够达到高效率。机械设备如果长时间处于一种低效率运行的状态，如大机小用、待工停机和返工等，就是产生不合理使用的主要表现。高效率与机械设备的合理配套和施工的合理组织等密切相关。

2. 经济性

经济性的含义比高效率还要广一些，其衡量标准的基本含义是单位实物工程量的工程机械使用费或使用成本的高低。该值越低，经济性能越好。机种、机型和机械配套因素（“三机”因素）是决定经济性的先天性因素。而决定经济性的后天性因素，则主要是指与施工组织相关联的机械效率因素。从理论上来讲，对于一个具体的工程项目来说，当工程地质条件、工期、预算和工程技术标准，以及劳动组织、生产组织与合理使用材料及某种机械设备配合条件等因素一定时，总存在一个与之相对应的最为经济的“三机”的组合方案可供选择。有时对于一个既定的工程项目，即使选用的机械设备或综合机械化组列已经达到了比较理想的效率指标，但不一定符合经济性的要求。如所谓“小马拉大车”的情况，此时即使效率达到百分之百，也仍然达不到经济性的要求，而只能把它看做是效率的浪费，其原因便是“三机”的组合方案先天不足。

3. 无不正常损耗

即使机械设备的操作、保养、维修、管理等都到位，也无法避免正常的磨损及损耗。但应该避免或杜绝不正常的损耗现象。所谓不正常损耗主要是指由于使用不当或缺乏应有措施而导致机械设备出现的早期磨损、过度磨损和事故损坏。不正常磨损是一种不合理的使用现象。

以上便是考查或衡量机械设备是否做到合理使用的主要标志或条件，也只有在三个条件全部满足以后才可以认为已经达到合理使用的较高水平，否则就不能认为其使用情况已经完全合理。

综上所述，制约工程机械合理使用的因素众多，其中有施工组织设计方面的先天因素，也有施工过程的组织领导，以及各种技术服务措施等方面的后天因素。机械设备使用管理工作要求对所有这些因素都加以研究和分析。只有在施工组织设计阶段，选择最佳的施工方案和方法，选用好机种、机型及其配套组合。在现场施工过程中，领导有方，组织合理指挥有效，再由技术熟练、责任心强的操作人员操纵驾驶工程机械，各方面的技术服务措施及实际运行工况符合规定的要求，最终才能全面地达到合理使用的目标。

任务2　机械设备的维护保养

在长期作业过程中，由于零件磨损和腐蚀，润滑油减少或变质，紧固件松动或位移等原因，从而引起机械设备的动力性、经济性和安全可靠性等性能的降低，燃料消耗的增加，甚至故障或损伤而导致整台工程机械失去工作能力。针对这种变化规律，在零件尚未达到极限磨损或发生故障之前，采取相应的预防性措施，以降低零件的磨损速度，消除产生故障的隐患，从而保证机械设备正常工作，延长其使用寿命。

所谓机械维护就是定期对工程机械各部分进行清洁、润滑、紧固、检查、调整或者更换部分零件。因此，工程机械维护可以理解为保证工程机械的技术完好状况而进行的各种技术作业的总称。

机械设备技术保养是保证其正常运转，减少故障与事故，最大限度地发挥机械效能，延长机械使用寿命的一项极其重要的工作。机械保养必须执行强制保养政策，贯彻“养修并重，预防为主”的原则，依照不同的机型所规定的周期和作业范围，有计划地做好机械定期保养工作，这也是现场管理的重点工作。各级设备部门是保养实施的监督部门。

2.1　保养的类别及工作内容

1.例行保养

例行保养是设备在每班作业前后及运转中的检查、保养。例行保养由操作司机按规定的作业内容认真对设备进行清洁、紧固、调整、润滑、防锈(腐)“十字”作业,消除故障隐患。

尤其是车容机貌,既包含“清洁”工作的内容,更是展示设备管理水平和单位形象的窗口之一,各施工单位必须高度重视,切实、认真、有效地保证例行保养的工作质量。

2.定期保养

定期保养指按规定的运转间隔周期进行保养,一般内燃机实行一、二、三级保养制,其他设备实行一、二级保养制。

进口设备及有些设备对于保养在“设备使用说明书”或”维修保养手册”中有专门规定的从其规定。一、二、三级保养可与油水分析、状态检测结合实施。

一级保养由操作司机进行。二、三级保养以保修人员为主,操作司机配合共同进行。

一级保养(简称一保):主要目的在于维护设备完好的技术状况,确保两次一级保养间隔期间的正常运行。一保作业内容以清洁、紧固、润滑为中心并部分地进行调整作业。主要是:检查紧固各部螺丝,按规定检查和补充润滑油脂,清洁各滤清器。

二级保养(简称二保):二保以检查调整为中心,除进行一保的全部内容外,还要从外部检查发动机的燃油系、润滑系、离合器、变速箱、传动轴、主减速器、转向和制动机构、液压系统、工作装置、电动机、发电机等工作情况,进行调整,排除故障。

三级保养(简称三保):三保除进行二保的全部作业内容外,还应对主要部位进行解体检查或上试验台用仪器检测,并可进行一次发动机液压油泵、马达或某个总成的大修,或者只打开有关总成的箱盖,检查内部零件的紧固、间隙和磨损等情况,以发现隐患,对症处理。

3.特殊保养

(1)停放保养。

停放保养是指设备停放期超过一个月以上,每周进行一次的检查保养。按例行保养规定进行“清洁、润滑、防腐”等工作,一般由保管司机负责。

(2)走合期保养。

走合期保养指新设备或大修出厂的设备走合期内及走合期满后进行的保养,具体内容按设备走合期的规定执行。

(3)换季保养。

换季保养主要是入夏、入冬前的保养,例如更换油料、采取降温、防寒措施等,此项保养可结合定期保养进行。

(4)工地转移前保养(退场设备整修)。

一项工程完工后,虽未达到规定的保养时间,但为了使设备到新工点后能迅速投入生产,应进行一次本工点所有设备的全面的检查、维修、保养。作业内容和保养标准应依照机况不同,以通过维修、保养达到二类及以上机况为目的。杜绝只做表面文章,不注重设备内在整修的“面子”工作。

此项工作任务重、难度大,各级负责人必须充分重视,使之有组织有计划地进行,并由股份公司物设部派人监督检查,并把设备状况作为本工程审计工作的一项重要内容。

各单位因人员、资金和时间安排造成对退场设备的整修完成不及时的，公司将对单位负责人处以500～2000元的罚款；因质量检验和技术把关不严造成整修达不到质量要求的，将对该单位机电总工处以500～2000元的罚款。

2.2 保养计划

凡有设备的施工单位都必须根据工程任务、设备使用情况，按设备保养的规定，每月编制设备保养计划随同施工生产计划同时下达，各级设备管理部门严格组织实施。

1. 保养计划分类

(1)年度保养计划：制订本计划的目的在于计算各级保养次数，按季平衡高级保养次数和一般保养次数，协调施工生产计划，安排保养力量，制订年度配件和材料计划。

(2)季度保养计划：制订本计划的目的在于准确地计算各级保养次数，按月平衡高级保养项目和一般保养次数，进一步协调施工生产计划，调整保修力量，准备好配件和材料。

(3)月保养计划：主要目的在于确定各级保养进行的日期和停机日，以便调整施工生产计划，落实配件材料供应，安排保修人员。

以上保养计划应由各单位统一制定、统一掌握、分步实施。

2. 制订保养计划的依据

(1)设备的年度、季度、月份施工任务工程量或运转时间；

(2)设备的各级保养间隔期；

(3)设备的技术状况及保养情况；

(4)保养力量；

(5)配件储备和供应情况。

2.3 保修力量的配备

(1)为保证修理质量，大型关键设备的三级保养由制造公司或委托有资质的修理厂家负责。

(2)各使用单位承担其所使用设备的一、二级保养和除大型、关键设备以外的三级保养。

2.4 保养工作的实施

(1)设备保养可采用就机保养综合作业的方式或定位保养专业分工的方式，有条件的单位还可采用总成互换的保养方法，以缩短保养周期。

(2)采用专业分工的方式时，可实行定部位、定人员、定机具、定进度、定质量为内容的“五定”责任制度；采用综合作业方式时，应视情况制订必要的责任制。

(3)设备运转到保养周期时，设备管理人员依照计划把任务下达给操作者。当生产任务和维修保养发生矛盾时，可采取一些非常措施，确保按规定进行强制保养。

(4)保养计划完成后，经检验合格，应将保养类别、起止时间、保养单位、主修人、保养内容和质量检验情况登记在履历簿和保养登记簿内，记录的内容应齐全、准确。

(5)各种设备每班所必须进行的例行保养，其时间已计入台班作业法定间歇时间内，不再另行编制计划。

(6)状态检测和故障诊断手段完善、能按期或连续地对机械进行监测的，可不受保养周期的限制，但必须在编制计划时予以说明。

2.5 保养质量监控

为保证保养的作业质量，必须贯彻执行保养时间检查、施保过程检验和保养后检查验收的“三检制度”。股份公司必须有专职的驻厂检验员，并对三保以上的修理质量负责。各施工点也应有一名机电技术干部为本工点的兼职质量检验员。

1. 设备送保制度

(1)凡送三保的设备，应提出报保单，注明进行保养的等级和保养中应特别注意的部分。

(2)送修的设备应有前一次保养的记录或竣工检验证，否则承保单位一并收取前一级保养的费用。

(3)送保的设备应保证原机完整、清洁并交清机况，送保和承保双方办理交接手续。

2. 质量检验

(1)各级保养均严格按保养规程的保养范围、作业内容、指定的附加修理项目和技术要求进行，不得漏项、漏修，更不得随意扩大更换超修零部件范围。

(2)作业过程检验：实行保修人员自检、专兼职检验人员复检的检验制度，关键部件总成必须实行仪器的检验。

(3)保养后验收：二级保养由保养单位负责人、操作者和技术人员验收，三级保养由送修方和承保方检验员验收，分别在保养竣工检验证上签认，并记录在该机的履历簿上。

(4)二、三级保养竣工后，使用时发现质量问题，由承保方会同操作者先行排除，以不影响施工生产，然后分清责任，酌情处理。

2.6 保养费用

各级保养费用(状态监测费用)来源于设备台班费中的经常修理费，设备使用单位要加强维修费用的管理，确保设备保养任务的完成。

2.7 故障诊断和状态监测

(1)运转监视：由本机操作者执行。结合仪表，随时注意设备的温度、振动、声音、气味、烟色和排烟情况、工作压力、设备输出动力及操作感觉，发现不正常现象或听到异响(异常感觉)应立即停机检查，予以排除，并记入交接记录。严重故障应及时报告。

(2)状态监测：由操作人员和专业保修人员共同执行，以专业保修人员为主。依据操作人员在运转监视中发现的不正常现象，逐项进行检查或利用仪器、仪表等进行测试做出正确判断。

(3)故障诊断：用清洗、调整、紧固等方法不能排除的故障隐患或通过状态监测必须修理后才能使用的设备，以不拆卸或局部解体的方法，借助于仪器测定，找出故障原因及准确部位。一般由机械技师或技术人员执行，操作者和保修人员参加。

(4)故障处理：诊断出的故障，一般应结合各类保养进行修理。若故障的部位或损坏程度已超出就近一级保养规定的范围，可针对故障部位进行修理，使修理的部位恢复原来的性能。故障的部位、原因及修理后的状况，均应记入履历簿。

设备维护保养流程见图 4－1、表 4－7。

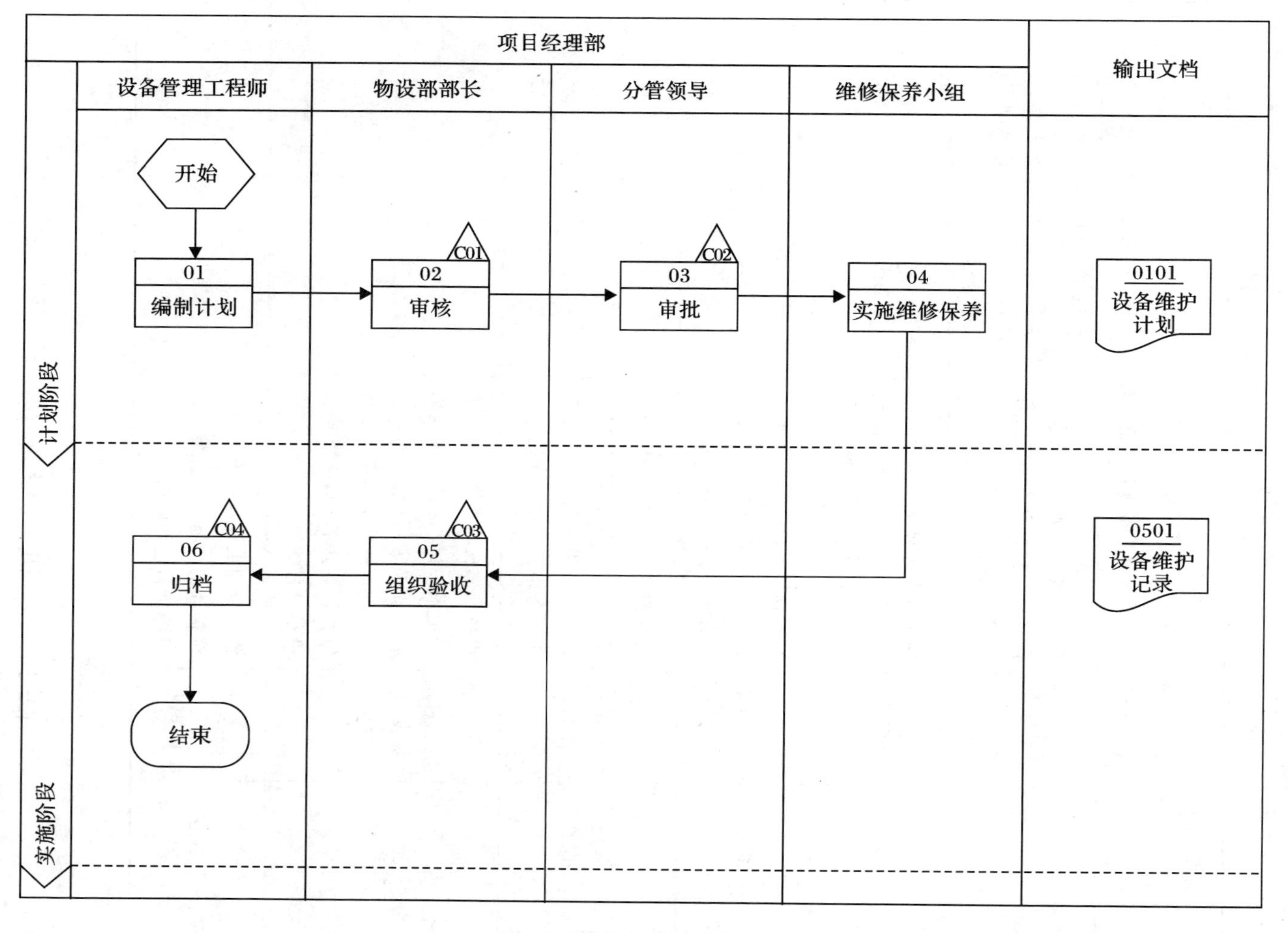

图4-1 设备维护保养流程

表 4-7 设备维护保养流程说明

编号	流程步骤	责任部门/责任人	流程步骤描述	完成时间	输出文档	备注
	流程总说明： 设备维护保养流程，主责部门为物机部； 本流程共有6个步骤，其目的是规范现设备维护保养管理，使机械设备处于完好状态。					
1	编制计划	设备管理工程师	设备管理工程师编制设备维护计划，包含：维护内容、维护周期、维护人员等	每年12月5日前制订年度计划。每月25日提出下月维修计划	设备维护计划	
2	审核	物设部部长	设备部部长对施工设备维护计划进行复核，主要关注编制内容是否合理、规范、全面	当天		
3	审批	分管领导	分管领导审核施工设备维护计划，主要关注编制内容是否合理、规范、全面	当天		
4	实施维修保养	维修保养小组	维修保养小组将设备维护计划下发至各作业队，督促按计划进行设备维护，并将施工设备维护过程形成记录	即时		
5	组织验收	物设部部长	设备部部长检查施工设备维护记录，对设备维护实施内容及效果进行验证，如发现设备维护未满足要求或未按维护计划进行，则要求重新进行设备维护	当天	设备维护记录	
6	归档	设备管理工程师	设备管理工程师将施工设备维护计划和施工设备维护记录等资料进行归档	当天		

任务3　机械设备的修理验收

工程机械在使用过程中，由于受外界负荷及内外部因素的影响，机械的零件必然会发生磨损、疲劳、变形、腐蚀和老化等现象，加强对工程机械的维护保养，虽然能有效地减轻或减缓上述现象，但不能完全防止其产生。因此，随着工程机械使用时间的增加，机械的动力性能、经济性能和安全可靠性等技术性能将不断降低，最终将不可避免地产生各种故障，导致工程机械不能正常工作。

为了恢复工程机械的技术性能，使其能正常工作，要对工程机械采取一系列的技术措施，这些为恢复已发生故障机械设备的技术性能而面对其进行的拆卸、清洗、检验、修复、更换、装配、调试等一系列的技术措施统称为工程机械修理。

3.1 修理目的和分类

1. 修理的目的

修理的目的是及时恢复设备技术状况，延长设备使用寿命，保证设备正常使用。

2. 修理的分类

工程机械根据修理内容、性质不同，划分为大修、中修、小修和项修。

(1)大修。

大修是指全面恢复整机技术的修理。大修时要对工程机械进行全面的解体、清洗、检验、修理或损坏及磨损超限的零件，重点在于基础件、重要零件的修复与更换，并对外观进行修正。大修过后的工程机械应达到新机械出厂时的技术性能指标，大修应根据工程机械的工作时间及技术检验结果有计划地安排进行，大修工作一般在修理厂内完成。

(2)中修。

中修是指工程机械在两次大修之间对一个或几个总成有计划进行的平衡性修理。工程机械经过一定的使用之后，有的总成磨损较慢，有的总成磨损较快，使工程机械不能协调一致地正常工作。为此，对工程机械部分总成进行大修，以调整各总成之间的不平衡状态，恢复工程机械技术性能。中修一般需有计划地安排在修理厂或工地修配车间进行。

(3)小修。

小修是指工程机械使用过程中进行的一般零星修理作业，排除由偶然因素引起的突发性故障。其目的在于消除工程机械在使用过程中，由于操作、使用维护不良或个别零件损坏而造成的临时故障和局部损伤，以维持工程机械的正常运行。小修属于事后修理，一般在修理车间或者施工现场完成。

(4)项修。

项修是指工程机械在进行二级、三级维护或转移维护过程中，根据维护前对工程机械运行情况或技术状态检测的基础上，针对即将发生故障的零件或技术项目而进行的事前单项修理作业。其目的是消除工程机械存在的故障隐患，更换损伤严重的零部件，平衡零部件的使用寿命，使工程机械在两次维护之间或转入新工地之后能维持正常的技术状态。项修的作业内容视修理项目不同而有较大区别，一般结合维护计划同时安排进行。

3.2 修理计划

1. 年度大修计划

每年 11 月 20 日前各使用单位向股份公司物设部分别按主要施工设备和其他设备报送次年度大修计划(见表 4－8)，大修计划须由股份公司董事会审议、股东会批准，由股份公司统一下达。

表4-8　机械设备修理(调整)计划表

填报单位：　　　　　　　　　　　　　　　　　　　　　　　　　　　　　　填报时间：

序号	管理号码	机械名称	型号规格	修理类别	上次大修时间	上次大修后运转小时或公里	标准台	计划费用	送修单位	承修单位	使用地点	备注

2.年度大修调整计划

(1)根据工程任务变动情况、设备使用及设备状况而编制。

(2)各单位必须于9月10日前向股份公司物设部呈报年度大修调整计划(见表4-8),经审核后统一下达股份公司主要施工设备大修调整计划。

(3)股份公司每年列入主要设备大修计划和完成的主要施工设备大修费用总额不得低于上年度基本折旧费总额的五分之一(不含技术改造费)。

(4)列入大修计划的设备,必须达到大修间隔期,且其设备技术状况必须符合大修规范的要求。设备发生事故或其他原因需报特修的设备,要附详细报告及处理情况。

(5)为规范股份公司车辆大修管理工作,确保车辆安全行驶,要求各单位必须按照机械设备履历书要求,建立车辆使用履历档案,履历档案内容包括:车辆行驶里程、维修保养记录及更换配件清单、大修档案资料(费用及配件材料清单)、车辆调动情况及机况等,以便今后按照机况合理安排大修,否则不予审批车辆大修计划。

(6)各单位必须解决好施工生产与设备大修的矛盾,确保大修计划的完成。各单位将大修理计划完成情况(见表 4－9)于每半年末 10 日前和次年 1 月 5 日前报股份公司物设部。没有完成计划的必须附原因说明和应采取的保证措施，若无特殊原因，对大修计划不能按时完成单位的机电负责人处以 500～1000 元罚款，行政负责人处以 500～2000 元罚款。

表 4－9　机械设备修理完成情况统计表

填报单位：　　　　　　　　　　　　　　　　　　　　　　　　填报时间：

序号	管理号码	机械名称	修理类别	完成时间	自然台	标准台	计划费用	实际完成费用	送修单位	承修单位	使用地点	备注

专业公司(项目)经理：　　　　　　　　　　　　机电负责人：　　　　　　　　　　制表：

3.3 修理实施

(1)主要设备大修:由制造公司修理或委托有资质的单位实施。使用单位不承担主要施工设备大修。

(2)凡委外送修的设备,送修前应报股份公司物设部审批,并严格选择信誉好、具有较强技术能力和装备能力的承修厂,送、承修双方应签订修理合同,提出相应的修理标准。

(3)大修设备进厂大修时,送修的运杂费由原使用单位负责,修理竣工合格的设备再使用时,由使用单位负责运杂费。

3.4 修理质量的保证体系

(1)承修新机型前要做好技术准备工作,编制好下列资料,否则不得解体修理。

①修理工艺流程。

②主要总成及主要零部件的修理规范,包括技术要求及检验方法等。

③出厂技术标准。

(2)建立并严格执行修理过程检验制度。

①送修及进厂检验:送厂大修的设备应能发动运转,机械整体必须完整,不许拆换零部件。总成件如有丢失或损毁,则另收该部分费用。送修单位必须派保管司机携带该机的技术资料、履历书、专用工具等,会同承修厂进行交接检查,办理交接手续。由承修单位机电总工程师主持,检验员及送修单位代表或其委托人参与进厂检验。进厂检验包括:对送修设备的缺件进行确认;履历书、技术资料、专用工具交接;对该机的故障现象及重点修复部位进行技术交底;由检验员填写“进厂检验单”(见表 4-10),三方签认;最后签订修理合同。

②施修中检验:是保证修理质量的关键,也是确定修理工艺的依据,同时它还影响着设备的修理成本。按预先制定的检验标准,分以下几个阶段进行:

a. 解体检验及备料:解体检验是解体后对各个零件技术状况的检验。主修人组织修理人员对设备进行解体清洗,对洗净后部件由主修人按《工程机械修理手册》进行自检、标识,重要部件由检验员协助检验,由主修人填写“解体检验单”(见表 4-11)交检验员。检验员依据“解体检验单”进行复检并标识,对主要的零部件、总成件必须进行检测、试验、标识,并将复检结果填入“解体检验单”,必要时应附“检测试验记录”。总成件更换,必须与送修单位取得联系,共同鉴定确认无法修复者,由驻厂检验员批准并签署意见后方能予以更换。根据检验结果由车间检验员汇总备料清单进行备料,力求一次备齐,以缩短停厂周期。检验员应监督并杜绝不合格品使用和流入。

b. 组装过程的检验:是确保修理质量的重要环节。主修人负责确认转入组装工序的零部件的标识和检验结果,检验员负责对转入组装工序的制造及恢复性加工零件的复检并标识,填写制造或恢复性加工检验单。

对主要组装工序,车间检验员必须进行检验并做出检验记录。总成组装完毕后,车间检验员必须对其性能进行鉴定,并做出结论和记录;驻厂检验员要经常查看过程检验的记录,对关键部位予以抽查,以掌握修理质量。

表4-10　进厂检验单

编号：　　　　　　　　送修单位：

<table>
<tr><td colspan="3">机械名称：　　　　　　　　管理号码：
型号规格：　　　　　　　　送修人：
工厂号码：　　　　　　　　接收日期：
送厂依据：　　　　　　　　修　　程：</td></tr>
<tr><td rowspan="3">机械状况</td><td>动力机构</td><td></td></tr>
<tr><td>传动及工作机构</td><td></td></tr>
<tr><td>外壳及辅助</td><td></td></tr>
<tr><td colspan="3">承修单位：
送修单位：
检验员：</td></tr>
</table>

表 4-11　解体检验单

编号：　　　　承修单位：　　　　日期：

设备名称		管理号码	
规格型号		修理类别	
总成名称		送修单位	
总成型号		总成编号	
检验项目			
检验结果及采取措施			

主修人	专职检验员	机电负责人

一式四份，送修单位、承修单位、检验员、机电总工各一份。

③出厂竣工检验：是对整机技术性能的一次全面的系统的质量鉴定。在承修厂按出厂技术标准进行整机自检的基础上，由驻厂检验员按大修验收标准逐项检查。竣工检验分为空载试运转、负荷试运转及试运转后检查等三个步骤进行。各种工程设备试运转检查方法及技术要求依照国家有关行业规定和使用说明书中有关规定执行。

④竣工验收。

a. 施工设备由专职检验员或设备管理部门负责大修竣工验收。

b. 检验员职责：实行驻厂检验员制度。各单位均应配备驻厂检验员，定员属设备管理部门，由驻厂检验员签发的"机械设备修理合格证"（见表4-12）作为设备修竣后费用结算的凭证。对修理不合格的设备，驻厂检验员有权拒绝签认。各单位要建立、健全设备修理质量检查、验收制度，对验收不合格的设备不准交付使用。

表4-12 机械设备修理合格证

管理号码：	工作号：
机械名称：	计划费用：
型号规格：	实际费用：
修理类别：	其中：配件：
工费：	工时：
送修日期：	材料费：
批准文号：	
修理情况：	
验收情况：	

续表 4-12

保养使用注意事项：		
本机于　　　年　　月　　日修竣，经验收合格准予出厂。		
修理单位(公章)	股份公司物设部(公章)	
修理单位负责人：	机电负责人：	主修人：
驻厂检验员：	接收人：	交接日期：

随机修理人员：为及时提供设备技术及使用状况并掌握修理进度、内在修理质量，以提高修理质量和操作人员的技术素质。设备进厂修理时，送修单位应委派保管司机随机进厂参与修理，承修单位应提供工作与食宿之便。

⑤质量保证：凡大修出厂的设备，应实行三个月保修期(或工程机械运转400小时，汽车走行10000公里)跟踪服务，保证质量。在保修期内因质量问题造成的事故要追究责任，严肃处理。走合期的养护、质量保证与使用，按照行业规定和使用说明书中有关规定执行。设备交付使用后，使用单位物设部负责对大修设备进行修理质量跟踪，填报“设备大修技术鉴定表”(见表4-13)，及时反馈给承修单位、股份公司物设部。对在保修期内出现的修理质量问题，承修单位应做及时处理，保证修理质量。

表4-13　设备大修技术鉴定表

设备名称		设备型号	
管理号码		修理类别	
承修单位		送修单位	
主修人		工　　地	
机电负责人		负责司机	
检验员			
送修时间	年　　月　　日	出厂时间	年　　月　　日

续表 4－13

大修情况及使用注意事项
使用状况及效果 修后使用时间　　　　年　月　日—　月　日 单位负责人：　　　机电负责人：　　　鉴定人员：
设备大修反馈意见 年　月　日

(3)股份公司物设部每年根据实际完成情况，不定期对设备修理质量进行抽查，对于达不到质量要求的单位予以通报，对修理单位机电负责人、驻厂检验员处以500～2000元罚款。

3.5 报验规定

当年修竣的设备应及时填写如下资料报股份公司物设部：

①大修费用决算单；

②大修出厂合格证；

③竣工验收单及更换主要零部件清单；

④维修所用配件、材料进出库凭据。

凡未按规定上报上述资料的，不予受理；委外修理发生合同纠纷的，由签约双方自行解决或依法仲裁。对编造虚假大修资料的，一经查实，对单位机电负责人处以2000元罚款，行政负责人处以1000元罚款，并通报全股份公司。

3.6 修理费用

①施工设备大修单价按集团现行大修指导单价执行(见表4-14)。车辆大修严格执行计划下达的大修费用，超支部分自行承担。

②委外大修的按双方签订的合同办理，合同中应界定修理标准、验收标准、修理费用、质量保证等相关内容。

表4-14 部分施工设备大修指导单价表

序号	机械名称	型号	规格	标准台	折旧年限	大修周期	修理间隔台班及运行里程	调整后大修费	K值
1	挖掘机	PC400-5	1.6m³	2.8	6	3	440	300000	2.11
2	挖掘机	PC400-6	1.8m³	2.8	6	3	440	300000	2.11
3	挖掘机	PC200	0.8m³	2.3	6	3	440	200000	2.11
4	挖掘机	EX200	0.8m³	2.3	6	3	440	200000	2.11
5	挖掘机	DH330	1.3m³	2.5	6	3	440	200000	2.11
6	挖掘机	HD122Se	1m³	2.4	6	3	440	200000	2.11
7	挖掘机	WY60	0.6m³	2.2	6	3	440	100000	2.24
8	挖掘机	SDWY60	0.6m³	2.2	6	3	440	100000	2.24
9	挖掘机	W_4-60C	0.6m³	2.2	6	3	440	100000	2.24
10	挖掘机	WY-80	0.8m³	2.3	6	3	440	150000	2.11
11	挖掘机	DH55/331D	0.2m³	1	6	3	440	80000	2.11
12	挖掘机	YC3.5	0.2m³	1	6	3	440	60000	2.11
13	推土机	TY220	175kw	2.3	6	3	420	150000	2.6
14	推土机	TL210	163kw	2.3	6	3	420	150000	2.6
15	压路机	YZ16、YZ18	16t、18t	1	8	3	530	120000	3.08
16	压路机	YZ10	10t	0.6	8	3	530	60000	3.08
17	压路机	YZ12B	12t	0.7	8	3	530	80000	3.08
18	压路机	YZ14JZ	14t	0.7	8	3	530	80000	3.08
19	压路机	YZ14JG	14t	0.7	8	3	530	80000	3.08
20	压路机	YZ14JA	14t	0.7	8	3	530	80000	3.08
21	装载机	ZLC40B	2m³	2.3	6	3	480	120000	2.71
22	装载机	ZLC50C	3m³	2.5	6	3	480	140000	2.71

续表 4-14

序号	机械名称	型号	规格	标准台	折旧年限	大修周期	修理间隔台班及运行里程	调整后大修费	K 值
23	装载机	ZLC50G	$3m^3$	2.5	6	3	480	140000	2.71
24	装载机	WA320-3	$2m^3$	2.3	6	3	480	160000	2.71
25	装载机	WA380-3	$3m^3$	2.5	6	3	480	200000	2.71
26	装载机	WA470-3	$5.4m^3$	3.5	6	3	480	500000	2.71
27	装载机	ITC312H4	$200m^3/h$	3.5	6	3	480	500000	2.29
28	装载机	KL-20ES	$150m^3/h$	2.5	6	3	480	400000	2.29
29	装载机	966G	$2.7m^3$	2.5	6	3	480	450000	2.71
30	装岩机	LZ120D	$120m^3/h$	1.8	6	3	470	90000	1.7
31	装岩机	LWL150	$150m^3/h$	1.8	6	3	470	120000	1.7
32	门吊	15T/23.2m	15t	1.5	6	2	920	150000	
33	门吊	40T/9.42m	40t	2.5	6	2	920	250000	
34	门吊	45T/9.42m	45t	2.5	6	2	920	250000	
35	门吊	35/5-24.2m	35t	2.5	6	2	920	250000	
36	自卸汽车	TMXC3260/6×6	15t	1.8	6	3	440	120000	3.34
37	自卸汽车	TMXC360	18t	2	6	3	440	150000	3.34
38	自卸汽车	2629B/6×4	18t	1.8	6	3	440	150000	3.34
39	自卸汽车	EQ3141G	8t	1.2	8	3	580	50000	3.34
40	载重汽车	NHR54	1.75t	1.2	6	3	440	26000	5.61
41	载重汽车	CA1046	1.75t	1.2	6	3	440	20000	5.61
42	载重汽车	EQ140	5t	1.2	6	3	480	28000	5.61
43	载重汽车	CA141	5t	1.2	6	3	480	28000	5.61
44	汽车起重机	QY16	16t	2	6	2	660	180000	2.07
45	汽车起重机	QY12	12t	1.5	6	2	660	160000	2.07
46	汽车起重机	QY20	20t	2.5	6	2	660	240000	2.07
47	汽车起重机	PY5150JQZ12	12t	1.5	6	2	660	160000	2.07
48	汽车起重机	PY5210JQZ16	16t	2	6	2	660	180000	2.07
49	履带起重机	KH180	50t	3.5	8	2	960	500000	1.84
50	履带起重机	QUY50B	50t	3.5	8	2	960	500000	1.84
51	电瓶车	XK12-7/192	12t	0.8	6	2	840	60000	2.19

续表 4－14

序号	机械名称	型号	规格	标准台	折旧年限	大修周期	修理间隔台班及运行里程	调整后大修费	K 值
52	电瓶车	XK15－7/256	15t	1.0	6	2	840	80000	
53	电瓶车	CLAYTON16	16t	1.0	6	2	840	80000	
54	电瓶车	CDXT－12	12t	0.8	6	2	840	60000	
55	电瓶车	JXK25	25t	1.2	6	2	840	180000	
56	电瓶车	JXK35/540	35t	1.2	6	2	840	200000	
57	梭式矿车	S14A	$14M^3$	1.6	6	3	600	50000	0.92
58	梭式矿车	S14B	$14M^3$	1.6	6	3	600	50000	
59	混凝土输送车	TSB－6	$6m^3$	2	6	2	600	50000	4.12
60	混凝土输送车	XZJ5270	$6m^3$	2	6	2	600	50000	
61	混凝土输送车	HTM604	$6m^3$	2	6	2	600	140000	
62	混凝土输送泵	HBT60	$60m^3/h$	2	6	2	540	150000	1.39
63	混凝土输送泵	HBT70	$70m^3/h$	2	6	2	540	180000	
64	混凝土输送泵	HB60D(B、G)	$60m^3/h$	2	6	2	540	150000	
65	混凝土输送泵	PC907.612ES	$90m^3/h$	2.5	6	2	540	250000	
66	发电机组	250GF/XP	250KW	2	6	2	600	60000	4.27
67	发电机组	IFC5354－4TA	250KW	2	6	2	600	60000	
68	发电机组	TZH－355M4－T	250KW	2	6	2	600	60000	
69	四臂台车	TH568－5		5	6	3	480	1600000	
70	三臂台车	353E		4.5	6	3	480	1200000	2.71
71	露天钻机	ROC442PC－DD		3.5	6	3	480	600000	
72	锚杆台车	H518		3.5	6	3	480	600000	1.79
73	悬臂掘进机	ET110		4.0	6	3	580	700000	1.79
74	悬臂掘进机	MRH－S50－14		3.5	6	3	580	600000	
75	通风机	100KW		1.6	8	3	560	25000	2.52
76	电动空压机	L－22/7	$22m^3/min$	1.0	6	3	500	30000	
77	电动空压机	4L－20/8	$20m^3/min$	1.0	6	3	500	30000	
78	电动空压机	EP200WC	$20m^3/min$	1.0	6	3	500	70000	
79	电动空压机	XP825E	$23m^3/min$	1.0	6	3	500	75000	
80	内燃空压机	VHP750E	$20m^3/min$	1.2	6	3	500	80000	

续表 4-14

序号	机械名称	型号	规格	标准台	折旧年限	大修周期	修理间隔台班及运行里程	调整后大修费	K值
81	大客车	各型		2	6	3	150000km	28000	
82	指挥车	4.5升(含)以上吉普车		1.3	8	3	150000km	65000	
83	指挥车	2.5升以上吉普车		1.3	8	3	150000km	55000	
84	指挥车	2.5升(含)以下吉普车		1.3	8	3	150000km	45000	
85	指挥车	2.0升以上的轿车(含2.0)		1.3	8	3	150000km	40000	
86	指挥车	排量2.0以下的轿车		1.3	8	3	150000km	30000	
87	旅行客车	进口		1.3	8	3	150000km	50000	
88	旅行客车	国产		1.3	8	3	150000km	40000	
89	客货两用			1.3	6	3	150000km	26000	
90	其他车辆			1.3	8	3	150000km	10000	
91	混凝土喷射机械手	AL305		2.5	6	2	540	200000	4.07
92	混凝土喷射机械手	AL285		2.0	6	2	540	200000	
93	混凝土搅拌站	$60m^3/h$		2.0	6	2	570	240000	1.6

任务4 工程机械的油料管理

工程机械使用的油脂有燃料油、润滑油、液体传动油、润滑脂和特种油液等。正确选用油的牌号对充分发挥施工机械的技术性能，减轻零部件的自然磨损，降低使用费用，提高经济效益有着十分重要的意义。

4.1 燃料油

燃料油主要是柴油和汽油，工程机械主要是用柴油，所以这里仅讨论柴油。

柴油有重柴油和轻柴油之分。重柴油主要用于中、低速柴油机，轻柴油一般用于高速柴油机。工程机械使用高速柴油机作为动力，必须以轻柴油作燃料。

轻柴油按其凝点分为10号、0号、−10号、−20号、−35号和−50号6种。

1.柴油机对轻柴油的要求

(1)燃烧性能。

柴油的燃烧性能用十六烷值表示。十六烷值越高，燃烧性能越好，但如果十六烷值过高则会使柴油机油耗明显增大。柴油机转速越高，要求柴油的燃烧时间越短，应使用十六烷值高的柴油，否则会使柴油的燃烧恶化或燃烧不完全。

(2)供给和喷雾性能。

供给和喷雾性能实际上是柴油的低温流动性和雾化性。它们直接影响着供油和喷雾的状况,而决定这个性质的主要因素是柴油的黏度(柴油的流动难易和稀稠程度)、凝点和冷滤点(三者反映柴油低温下的流动性能和过滤性能)。

(3)水分和机械杂质。

水分和机械杂质也是评定柴油供给性能的指标。柴油中的水分在0℃以下容易结冰或生成小颗粒的冰晶,会冻结油管或堵塞过滤口,造成供油中断或供油不畅。同时,水分与柴油燃烧形成的氧化物生成硫酸,腐蚀机器。此外,还会加剧燃油系精密机件的磨损或引起卡塞,导致供油压力降低、雾化性能变坏或不能供油。在国家标准中,对油品生产所含的水分和机械杂质有严格规定。

(4)腐蚀性。

柴油中含有的硫分、碱分、灰分和残碳等杂物,都会对发动机的零件产生腐蚀作用,其中以碱分影响最大。使用硫分较多的柴油,不但会增加对发动机的腐蚀,而且由于含硫油料燃烧后产生硬质积碳,还会增加机械磨损。

(5)柴油的闪点和燃点。

闪点表示油料的蒸发性和安全性指标。燃点是油料蒸气与空气的混合气,在引火后能继续燃烧不熄火的最低温度。

2.轻柴油的选用

原则上要求柴油的凝点应低于当地最低气温3℃～5℃,以保证在最低气温时不致凝固。各号轻柴油适用的气温范围如下:

(1)10号。适用于有预热设备的高速柴油机。

(2)0号。适合于最低气温在4℃以上地区使用:供全国各地4—9月份使用,长江以南地区冬季使用(但气温不得低于4℃)。

(3)－10号。适用于最低温度在－5℃以上地区使用:供长城以南地区冬季使用和长江以南地区严冬使用。

(4)－20号。适合最低气温在－5℃～－14℃的地区使用:供长城以北地区冬季使用和长城以南、黄河以北地区严冬使用。

(5)－35号。适合于最低气温在－14℃～－29℃的地区使用:供东北和西北地区严冬使用。

(6)－50号。适用于最低气温在－29℃～－44℃的地区使用:供高寒地区严冬使用。

不同牌号的轻柴油,可以混合使用,以改变其凝点。在缺乏低凝点轻柴油时,可以用凝点稍高的柴油掺入适量煤油使用,但柴油中不能加入汽油。如当地只有较高凝点的柴油时,可通过预热及加温措施使用。

4.2 润滑油

1.内燃机润滑油

(1)内燃机润滑油的分类。

根据我国石油产品及润滑剂国家标准规定,内燃机润滑油属L类(润滑剂及有关产品)中的E组。内燃机润滑油(E组)按特性和适用场合分为:

①汽油机油,EQB、EQC、EQD、EQE 和 EQF 等。

②柴油机油,ECA、ECB、ECC 和 ECD。

(2)内燃机润滑油的牌号和规格。

内燃机润滑油的牌号和规格由质量等级和黏度等级两部分组成,质量等级用字母表示,黏度等级用数字表示。

柴油机油按质量等级分为 CA、CB、CC 和 CD 四级。CA 组用于缓和到中等条件下工作的轻负荷柴油机,CB 级用于缓和到中等条件下工作的使用含硫燃料的轻负荷柴油机,CC 级用于中等负荷条件下工作的轻度增压柴油机,CD 级用于高速、高负荷条件下工作的增压柴油机。

内燃机润滑油按黏度分级,冬用机油按－18°时的黏度分为 5W、10W、15W、20W(W 指低黏度),春季、夏季用机油按 100°C 时的黏度分为 20、30、40、50 四个等级。对－18°C 和 100°C 所测的黏度值只能满足其中之一者,称为单级油;同时能满足两个温度下黏度要求的机油称为多级油。如 5W/20,10W/30,15W/30,20W/30 等,分母表示 100°C 黏度等级,分子表示低温黏度等级(以 W 表示)。

(3)内燃机润滑油的选用。

①选用的一般原则:在保证液体润滑的条件下,尽量选用黏度小的润滑油,这样能减轻摩擦和磨损,节油、冷却和清洁作用好。

②柴油机油的选用。

a. 按工程机械使用说明书提供的质量等级和黏度牌号选用柴油机油。

b. 根据工程机械负荷和使用条件选择柴油机油的质量等级(见表 4－15)。

表 4－15 国产柴油机油的质量等级

质量等级	使用性能说明
CC	中等及重荷载柴油机使用,用于中等及苛刻条件下工作的非增压或低增压柴油机,该油在低增压柴油机中使用。有防止高温沉积的能力。可代替 CC 级以下柴油机油
CD	重荷载柴油机使用,用于要求严格控制磨损和沉积物的高速大功率增压柴油机,具有防止轴承腐蚀、抗高温沉积等性能,广泛使用于燃用各种优质、劣质燃料的增压柴油机;油品符合 APICD 级油使用性能要求。可代替 CC 级柴油机油
CD－Ⅱ	重荷载二行程柴油机使用,用于要求严格控制磨损和沉积物的二行程柴油机上,油品符合 APIC33－Ⅱ和 CD 级油作用性能要求
CE	重荷载柴油机使用,用于增压重荷载柴油机的低速、高荷载和高速、高荷载工况下,油品符合 APICC 和 CD 级油使用性能要求
CF－4	用于 1990 年以后生产的苛刻条件柴油机,比 CE 级油有更好的改善油耗及活塞物的性能,也可以用于推荐 CE 级油的柴油机,符合 APICF－4 级油使用性能要求

c. 根据气温选择柴油机油的黏度牌号,气温高时选黏度较大的机油;气温低时选黏度牌号中带有“W”字样的机油,“W”前数字越小的机油具有更好的低温流动性。黏度等级的选用还要考虑到柴油机机况,新机选用黏度较小的机油,旧机选用的黏度等级应比它在新机时高一档为好。

2. 车辆齿轮油

(1)车辆齿轮油的分类、牌号和规格。

①车辆齿轮油的分类。我国车辆齿轮油分为CLC、CLD和CLE三个使用等级，分别相当于GL－3(普通车辆齿轮油)、GL－4(中负荷车辆齿轮油)和GL－5(重负荷车辆齿轮油)。

②车辆齿轮油的牌号。我国车辆齿轮油分为70W、75W、80W、85W、90、140和250七个黏度牌号。

③车辆齿轮油规格。车辆齿轮油规格由使用级和黏度牌号组成。

CLC级普通车辆齿轮油：适用于中速和负荷比较苛刻的变速齿轮箱和螺旋锥齿轮驱动桥。按黏度分为80W/90、85W/90和90牌号。

CLD级中负荷车辆齿轮油：适用于高速冲击负荷和低速高扭矩条件下操作的各种齿轮。按黏度分为90、85W/90、140和85W/140四个牌号。

CLE级重负荷车辆齿轮油：适用于高速冲击负荷和高速低扭矩、低速高扭矩条件下工作的齿轮，CLD无法满足的、在苛刻条件下工作的双曲线齿轮，根据暂行技术要求，按黏度分为75W、90、140、80W/90、85W/90和85W/140六个牌号。

(2)选用原则。

①车辆齿轮油的选定需从质量等级和黏度牌号两方面考虑，缺一不可。

②确定车辆齿轮油质量等级的最主要依据是车辆使用说明书，其次是依据有关用油手册进行查询。

③车辆齿轮油的黏度牌号选择主要是根据车辆使用地区的环境温度来确定。

④齿轮油质量等级和黏度牌号的选择分别见表4－16和表4－17。

表4－16　国产车辆齿轮油质量等级选择表

齿形齿廓	齿面荷载	车型及工况	国产油品质量等级	API分类标准
双曲线	压力＜2000MPa，滑动速度1.5～8m/s	一般	CLD	GL－4
双曲线	压力＜2000MPa，滑动速度1.5～8m/s	拖挂车山区作业	CLE	GL－5
双曲线	压力＜2000MPa，滑动速度1.5～8m/s 油温120℃～130℃	不限	CLE	GL－5
螺旋锥齿	—	国产车	CLC	GL－3
螺旋锥齿	—	进口车或重型车	CLD	CL－4

表4－17　几种黏度牌号的选择

黏度牌号	使用环境温度(℃)
75W	－40～＋20
80W/90	－30～＋40
85W/90	－16～＋40
90	－10～＋40
140	0～＋45

3. 液压油

液压油是液压系统传递动力的介质，也是相对运动零件的润滑剂，它除了传递动力外，还具有润滑、冷却、洗涤、密封和防锈等用途。液压油具有抗乳化性、消泡性、抗压缩性等使用性能。

液压油分石油基液压油和难燃液压油两大类。石油基液压油可分为普通液压油、专用液压油、抗磨液压油和高粘度指数液压油等。

目前，除大型锻压设备上应用水基乳化液外，一般液压设备都采用石油基液压油，工程机械的液压传动大多采用普通液压油和抗磨液压油。

选用液压油时应考虑使用条件、油泵类型、液压机构的结构、工作压力、工作温度和气温等因素。

(1)普通液压油有 YA－N46、YA－N68、YA－N150 等牌号。它适用于环境温度为 0℃～40℃的各类中、高压系统，适用工作压力为 6.3～21MPa。

(2)抗磨液压油有 YB－N32、YB－N46、YB－N68 等牌号。它适用于环境温度为－10℃～40℃的高压系统，适用工作压力可大于 21MPa。

(3)抗凝液压油有 YC－N32、YC－N46、YC－N68 等牌号。它适用于环境温度为－20℃～40℃的各类液压系统。

(4)机械油有 HJ－10、HJ－30、HJ－40 等牌号。可用作液压系统的代用油，适用于工作压力小于 6.3MPa 的系统，适用的环境温度为 0℃～40℃。

4.3　润滑脂

润滑脂(俗称黄油)是在润滑油(基础油)的基础上加入稠化剂、稳定剂等制成。按加入稠化剂(皂基)的不同分为钙基、钠基、钙钠基、锂基以及二氧化铝润滑脂等。

润滑脂常温下为黏稠的半固体油管，一般润滑油占 80%～85%，它的梯度决定了润滑脂的润滑性。稠化剂是动植物油(如钙皂、钠皂等)，它的作用是增加油的稠度。

1. 润滑脂的牌号

(1)钙基润滑脂。

钙基润滑脂按针入度分 1、2、3、4、5 五个牌号，号数越大针入度越小，脂质越硬，滴点越高。该脂具有良好的抗水性，遇水不易乳化变质，广泛应用于在潮湿环境下工作或易与水接触的各机械零部件的润滑。由于滴点在 75℃～100℃之间，故使用温度 1 号、2 号不大于 55℃，其余不大于 60℃。

(2)复合钙基润滑脂。

复合钙基润滑脂按针入度分为 1、2、3、4 四个牌号。它具有良好的机械与胶体安定性，耐高温和极压性极好，滴点为 180℃～250℃，有良好的抗水性，一般适用于较高温度范围和负荷较大以及经常在潮湿环境下工作的滚动轴承的润滑。由于该润滑脂有低分子酸(醋酸)的存在，放在常温和高温条件下，表面容易吸水硬化，不宜长期储存。

(3)钠基润滑脂。

钠基润滑脂按针入度分为 2、3、4 三个牌号。它具有很强的耐热性，可以在 120℃高温条件下长时间使用，在融化时不再降低其固有的润滑性能；已熔化的钠基润滑脂在冷却后能重新凝成胶状，搅拌后可继续使用。对金属的附着力强，可用于振动较大、温度较高的滚动或滑动轴承(如轮轴承、纹盘、制动装置等)的润滑。该脂遇水极易乳化变质,故不能用于易与水接触或经常在潮湿条件下工作的各部件的润滑。

(4)钙钠基润滑脂。

钙钠基润滑脂又称轴承润滑脂,按针入度分为1、2两个牌号。该脂的特点介于钙基润滑脂和钠基润滑脂之间,其热耐性优于钙基润滑脂,而又不如钠基润滑脂;抗水性优于钠基润滑脂而又低于钙基润滑脂;具有良好的输送性和机械安定性,滴点在120℃左右,适用于工作温度在100℃以下易与水接触条件下的机件的润滑。

(5)锂基润滑脂。

锂基润滑脂按针入度分为1、2、3三个牌号。其特点是滴点较高(不低于180℃),使用温度范围较广(-30℃~150℃),具有良好的低温性、抗水性以及机械和胶体安定性;使用周期长,可替代钙基润滑脂、钠基润滑脂和钙钠基润滑脂等,而且性能优于上述各种润滑脂,广泛用于工程机械的各类轴承和摩擦交点处的润滑。

2.润滑脂的选用

由于润滑脂的种类、牌号较多,而且性能也有较大的差异,所以选用润滑脂应根据工程机械各部件所处的环境温度、运动速度和承受负荷等因素综合考虑。

(1)温度。

若机件工作时温度过高或接近润滑脂的滴点,会导致润滑油基础油蒸发、流失严重而失去润滑性能;若环境温度过低,则润滑脂会失去流动性,使机件运动阻力增加,加速机件的磨损。选用润滑脂时,其滴点应高于最高工作温度30℃左右,凝点应低于最低环境温度10℃左右;冬季应选用针入度大的润滑脂,而夏季应相应减低一些。

(2)速度。

润滑脂黏度会随剪切速度而改变,机件运转速度越高,润滑脂所承受的剪切力越大,有效黏度下降也越多。同时,转速越快,摩擦点的温度也越高。由于润滑脂的散热性较差,若温度升过高会导致润滑脂的寿命缩短,加速机件的磨损。

(3)负荷。

重负荷条件下(大于5×10^3MPa)应选用稠化剂含量较高的即针入度小的润滑脂;如果负荷过大则应选用加有极压添加剂的润滑脂,如锂钙基润滑脂、复合钙基润滑脂等;中、小负荷条件下应选用中等黏度的矿物油作为基础油,如钙钠基润滑脂、锂基润滑脂、钠基润滑脂等。

(4)环境条件。

若机械经常在潮湿、与水接触或污染的环境下工作,应选用抗水性能好的润滑脂,如钙基润滑脂、锂基润滑脂、复合钙基润滑脂等,以及加有防锈添加剂的润滑脂,如氟碳润滑脂等。

项目经理部机械设备燃油使用管理见图4-2、表4-18。

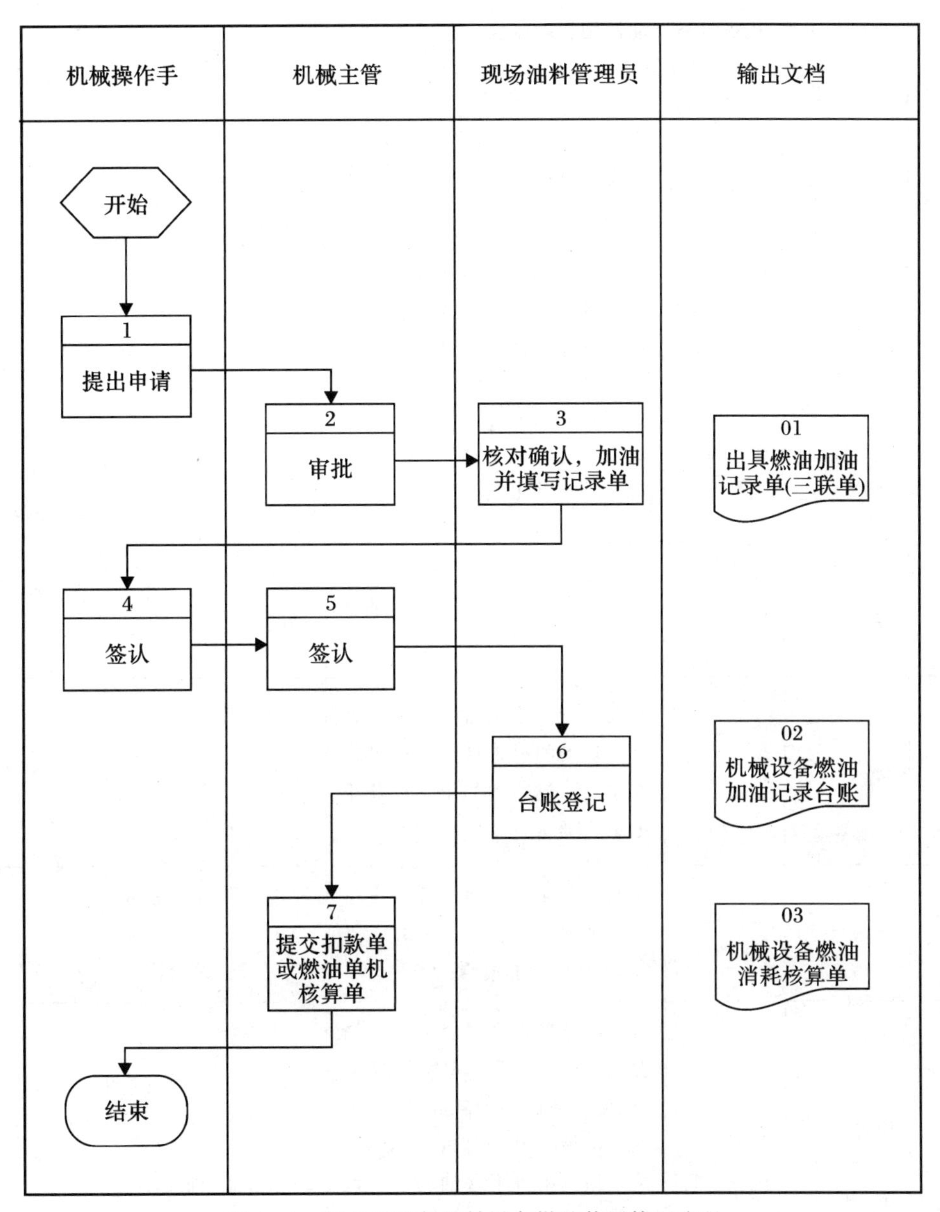

图4-2　项目经理部机械设备燃油使用管理流程

表 4－18 项目经理部机械设备燃油使用管理流程说明

编号	流程步骤	责任部门/责任人	流程步骤描述	完成时间	输出文档	备注
	流程总说明：机械设备燃油使用管理流程，主责部门为物机部； 本流程共有7个步骤，其目的是规范现场机械设备燃油使用管理，强化过程中加油管理和核算控制，严格控制燃油使用费。					
1	提出申请	机械操作手	根据机械设备工作量使用情况提出加油申请	每天出工前		
2	审批	机械主管	依据机械设备派工情况、当天工作量及前一天运转情况，进行审核确认是否需要加油	当时		
3	核对确认，加油并填写记录单	现场油料管理员	核对确认经机械主管审批的加油申请单（或电话确认）无误后，加油，并出具燃油加油记录单（三联单）	当时	燃油加油记录单（三联单）	也可参照子（分）公司规定格式填写
4	签认	机械操作手	机械操作手就加油情况在加油记录单上签字确认	即时		
5	签认	机械主管	对照机械设备加油申请单，在已经现场油料管理员和机械操作手签认过的加油记录三联单上签字确认	当天		
6	台账登记	现场油料管理员	及时整理汇总登记“机械设备燃油加油记录台账”，并在每月25日前汇总上报给机械主管	当天	机械设备燃油加油记录台账	
7	提交扣款单/燃油单机核算单	机械主管	负责核算单机当月燃油消耗情况，并向工经部、财务部提交“机械设备燃油消耗扣款单/燃油单机核算单”，对租赁合同中约定租赁单价不含油料的机械设备，按照核算结果，对超耗部分燃油进行扣款；其他情况则按照合同约定与领用情况，进行足额扣款	每月25日前	机械设备燃油消耗核算单	

学习情境 5 施工机械设备安全管理

知识目标

1. 解释安全、危险、危害、事故、安全评价、工程机械事故的概念；

2. 描述工程机械安全生产的意义，工程机械安全管理的内容，工程机械安全操作规程，预防工程机械事故的措施；

3. 识别工程机械事故的性质与事故的分类。

能力目标

1. 合理选用工程机械的安全转移和运输的方法；

2. 正确选择和使用工程机械停机场；

3. 配合相关部门处理工程机械事故。

任务 1　机械设备安全管理的重要意义

要切实加强机械设备的安全管理，建立健全各项安全管理制度，严格执行国家、行业、股份公司、集团公司有关机械设备的安全管理规定，定期组织安全检查，保证机械设备安全装置和防护设施完整、可靠，确保人身和机械设备安全。要把机械设备安全教育列为职工教育的重要内容，定期进行安全技术考核。杜绝违章指挥、违章操作与无知蛮干等不安全行为，将事故隐患消灭在萌芽状态。

1.1　安全管理的基本概念

1. 安全

安全的定义是：“不发生导致死伤、职业病、设备或财产损失的状况（包括幸福、舒适）”。

2. 危险

危险也称风险，危险是造成人的伤害及物的损失的机会，它是由危险严重及危险概率来表示可能的损失。传统习惯上认为安全与危险是两个不相容的、绝对的概念，而现代安全工程则认为不存在绝对的安全，安全是一种模糊数学的概念。因此，危险性就是对安全性的隶属度。当危险性低到某一程度，人们就认为安全了。

3. 危害

危害是超出人直接控制之外的某种潜在环境条件。它可能造成重大损失，也可能不产生危险。

工程机械在使用过程中，造成危害的因素是多方面的，如操作人员、作业场地、工程机械本身等。

4. 事故

事故是人们在活动过程中，受到伤害或使活动受影响以至中止的事件。事故的定义为：个人或集体在时间的进程中，为实现某一意图而采取的行动过程中，突然发生了与人们意志相违背的情况，迫使这种行动暂时或永远停止的事件。

5. 安全评价

安全评价是对系统存在的危险性进行定量或定性分析，得出系统发生危险的可能性及其程度的评价，以寻求最低事故率、最小的损失和最优的安全投资效益。由于危险性是损失与发生概率的乘积，故对危险程度的评价通常称之为双因素评价。其中损失又可分为直接经济损失和间接经济损失。

1.2 工程机械安全生产的意义

随着我国经济的高速发展，基础设施建设任务急剧增加，需要投入大量的机械设备进行机械化施工。因此，众多的不安全因素也随之进入生产过程。在机械化施工过程中，存在高压、高速、高温、有毒排放物、电击电灼、动力驱动、噪声、粉尘、振动、辐射等，这些因素的存在，使事故发生的可能性大大增加。

在工程建设过程中，由于大量采取机械化施工，存在许多不安全因素，如果稍有疏忽，轻则使工程机械损坏，重则使工程机械工程报废，还可能发生人员伤亡的重大事故。因此，施工单位的领导和工程机械管理人员在抓好施工生产的同时，必须重视工程机械的安全生产，采取有效的防范措施，以保证工程机械和人员的安全。

1.3 工程机械安全管理的内容

安全管理的主要内容是查明生产过程中发生事故的原因和经过，并采取必要措施防止事故的发生。

从工程机械管理角度出发，工程机械安全管理的内容包括：

(1)工程机械本身受到不正常损坏的单纯机械事故；

(2)由于工程机械事故而引发的人身伤亡事故；

(3)由于工程机械发生事故而引起的其他性质的灾害，如火灾、停电、停产等；

(4)由于工程机械的原因而引起的有关人员职业病以及对环境的污染等。

根据施工企业内部各部门的分工，上述第(1)类事故由工程机械管理部门单独负责管理。第(2)、(3)类事故则由工程机械管理部门与安全技术管理部门共同管理，以安全技术部门为主。第(4)类事故一般由企业劳动保护部门管理，这是因为在这类事故中，工程机械未受到任何损坏，也不需要任何用于修复的直接费用支出，所以在业务上往往不作为工程机械事故上报处理。但从安全管理角度出发，企业应及时组织有关部门分析事故发生原因，研究防止这类事故的发生。

任务2 工程机械技术责任制

技术责任制是使工程机械正常进行工作和安全生产的有力保证。因为在工程机械管、用、养、修的各个环节中，关系比较复杂，头绪比较繁多。如果在技术指挥系统中没有明确的技术责任制，必然影响正常工作的进行，甚至发生混乱和事故。所以施工单位必须有一整套完整的技术责任制，以确保生产秩序正常和安全施工。

2.1 工程机械技术责任制的具体内容

从工作内容来说，下列各项工作，是各级工程机械技术人员、管理人员的主要职责：

(1)审定工程机械施工方案的技术措施，组织机械化施工。

(2)负责工程机械技术革新，技术改造方案和自制设备的审定，组织革新成果和自制设备的技术鉴定。

(3)负责工程机械的安全技术工作，主持工程机械事故的分析和处理。组织新型工程机械的技术试验和技术交底。

(4)负责检查工程机械各项技术规定的执行情况，对不合理使用工程机械的行为，有权利止步并加以纠正。

(5)组织工程机械专业人员的技术培训和考核。

2.2 工程机械安全操作规定(总则)

为了加强工程机械的安全使用管理工作，保证施工作业安全及施工质量，提高工程机械的完好率，各级机械设备管理部门和工程机械驾驶操作人员应认真贯彻执行以下安全操作规程：

(1)工程机械操作人员必须严格遵守《公路筑养路机械操作规程》、《公路施工安全规程》和相关的公路工程施工规范，确保工程质量和安全生产。

(2)工程机械操作人员必须经指定医院体检合格后，经过专业培训考试合格，获得有关部门颁发的操作证、驾驶执照或特殊工种操作认证后，方可独立操作工程机械，不准操作与操作证不相符的机械设备。

(3)新机和大修后的工程机械要注意做好机械设备走合期的使用保养；工程机械冬季使用，应按机械设备冬季使用保养的有关规定执行。

(4)工程机械作业时，应按其技术性能要求正确使用，缺少安全装置或安全装置已失效的工程机械不得使用。

(5)保证工程机械上的自动控制机构、力矩限制器等安全装置、监测装置、指示装置、仪表装置、报警装置及警示装置的齐全有效。

(6)工程机械的安全防护装置必须可靠，在危险环境下施工，一定要有可靠的安全措施，要注意防火、防冻、防滑、防风、防雷击等。工程机械作业时，操作人员不得擅自离开工作岗位，不准将工程机械交给非本机人员操作，严禁无关人员进入工程机械作业区和操作室内。工作时，思想要集中，严禁酒后操作。

(7)工程机械驾驶操作人员及配合作业人员在工作中必须按规定穿戴劳动保护用品，长发不得外露。高空作业时，必须系好安全带。

(8)对于违反安全操作规程、进行危险作业的强行调度和无理需求，驾驶操作人员必须立即要求纠正，并有权拒绝执行，任何组织或个人不得强迫驾驶操作人员的违章作业。

(9)工程机械进入施工现场前，应查明行驶路线上桥梁的承载能力及隧道、跨线桥及电气化铁路的通行净空，确保工程机械安全通行。

(10)工程机械进入在施工作业前,施工技术人员应向操作人员作施工任务及安全技术措施交底;操作人员应熟悉作业环境与施工条件,服从现场施工管理人员的调度指挥,遵守现场安全规定。

(11)配合作业人员,应在工程机械回转半径之外工作,如需进入工程机械回转半径之内时,必须停止工程机械回转,并可靠制动;机上机下人员保密联系。

(12)工程机械不得靠近架空输电线路作业,如限于现场条件,必须在线路近旁作业时,应采取安全保护措施;工程机械运行轨道范围与架空导线的安全距离应符合有关规定。

(13)下挖工程,施工作业区域内有地下电缆、光缆及其他管线时,应查明位置与走向,用明显记号表示,严禁在离上述管线2m距离以内作业。施工前,应征得有关主管部门的同意并取得配合,方可施工。施工中,如发现有危险品或其他可疑物品时,应立即停止下挖,报请有关部门处理。

(14)工程机械在夜间作业时,作业区内应有充足的照明设施。

(15)在有碍工程机械安全及人身健康的场所作业时,应采取相应的安全措施;操作人员必须配备适用的安全防护工具。

(16)工程机械必须按要求配备经公安消防部门鉴定合格的消防用品。工程机械应按《公路筑养路机械保修规程》的规定,按时进行保养,严禁工程机械带病运转或超负荷作业。

(17)驾驶操作人员必须严格按照执行工作前的检查制度、工作中的观察制度和工作后的检查保养制度。

(18)驾驶操作人员应认真准确地填写运转记录、交接班记录或工作日志,多班作业要严格执行交接班制度。交接班时要交代清楚工程机械运转情况、润滑保养情况及施工技术要求和安全情况。

(19)工程机械在施工现场停放时,必须注意选择好停放地点,关闭好驾驶室,(操作时)要拉上驻车制动装置,坡道上停车时要打好掩木或石块,夜间应有专人看管。

(20)工程机械在保养或修理时,要特别注意安全。禁止在工程机械运转中冒险进行保养、修理、调整作业。在工作机构没有保险装置的情况下,禁止在工作机构下面工作。各种电气设备的检查维修,一般应停电作业,电源开关处应挂设“禁止合闸,有人工作”的警告牌并设专人负责监护。

(21)要妥善保管长期停放或封存的工程机械,并定期发动检查,确保工程机械经常处于完好状态。

(22)工程机械及工程车辆在公路和城市道路上行驶时,必须严格遵守交通法规及国家有关规定。

(23)使用工程机械时,应严格执行国家行政部门颁发的有关环境保护方面规定。

任务3　工程机械的安全转移、运输和对停机场的要求

在公路工程与养护施工中,工程机械在一个工地的工作时间通常比较短,施工工地之间的调动比较频繁。同时送厂修理或回保管基地时,也产生了调动转移的运输问题。工程机械的运输方式有:自行、拖带、装运、铁路运输和水运等几种。选择何种运输方式,要根据运输距离、工程机械行走装置的构造、工程机械的重量、交通路线和季节、气候等因素来综合考虑,在保证

工程机械安全运输和经济好的前提下最后确定某种运输方案。

3.1 各种运输方案

1.自行转移

工程机械的自行运输方法最为简单,同时运费也较低。但这种运输方式适用于短距离运输。当运距大于20～30km时,仅在特殊情况下,才能采用。特别是履带式工程机械不宜长距离行驶,因为工程机械自行运输作长距离转移时,将引起传动装置的损坏及行走机构过早磨损。

2.拖带运输

拖带运输指用牵引机车拖带被运的工程机械,而这些被牵引的工程机械必须具有轮胎行走装置和牵引杆,否则无法托运。尽管被牵引的轮式工程机械的行走的装置优于履带式,但大部分工程机械设计时仅考虑短距离场地转移,没有制动装置,因此必须限速。做长距离托运的工程机械,一定有可靠的制动装置,否则没有安全保证。拖带运输中应注意以下事项:

(1)牵引速度不宜快,一般限制在20～25km/h左右,以确保安全。

(2)工程机械在被托运之前,须对轮胎气压、制动系统、转向装置、托杆、托钩等做详细检查,如发现问题,经排除后才能托运。

(3)在托带运输超限时必须事先取得交通管理部门的允许和核发"通行证"后方可进行。

3.汽车装运

运距在50～200km以内,最好将工程机械放置在平板拖车上或汽车上运输。因为这样工程机械不必拆卸可直接运输到工地上。运输时应注意以下事项:

(1)工程机械装车后必须固定牢靠,完全满足安全要求后,方可上路。

(2)为了防止碰上架空输电线,工程机械装车后,上面要放一根竹竿。万一与电线接触时,可安全通过。

(3)对超高、超宽或重型的工程机械运输,应先勘察道路,详细检查沿线的桥梁负荷、路面宽度、坡度、弯道、立交桥和电气化铁路及隧道、架空电线的限高等。如果在某些方面存在问题,必须采取相应的措施并获得解决后方可装运。

(4)装运前,如果装运工程机械超宽超高时,要事先取得交通管理部门允许的"通行证"后,才可装运。

(5)工程机械在转移途中,须严格遵守道路交通法,服从交警的指挥。

4.铁路运输

铁路运输除按铁路运输规定办理,托运单位应做好下列工作:

(1)铁路运输工程机械时,由于较长时间露天停放,受到空气的侵蚀,金属表面容易锈蚀。因此,在关键部位,应涂上防锈油脂,在机身上覆盖防水布,并将其捆扎牢固。

(2)在装有发动机的工程机械上,将水和燃油从冷却系和油箱中放净,工作部分(如水泵等)有水时也要放净,以防结冰面损坏工程机械。

(3)冬季应将蓄电池从机器上取下,放在温暖的车厢中,以防结冰而损坏蓄电池。

(4)重要附件和工具都应另行装箱或捆扎好,以防丢失。

(5)轮式工程机械要检查气压,必要时将气压充至规定的标准。

(6)工程机械装上火车后,必须用铁丝将工程机械捆绑牢固,前后垫上三角楔木,以防在运输途中产生滑移。

5.水路运输

(1)应根据船舶运输的特点和要求进行运输。

(2)工程机械和工程车辆自行上下船舶时,应将船舶紧靠码头或趸船,并将缆绳拉紧系牢。

(3)工程机械装在船舱内或甲板上,前后左右重量要平衡,以防使船舶倾斜。

(4)工程机械装船后,要用绳索固定,以防遇风浪颠簸时产生滑移。

(5)其他可参考铁路运输的要求。

3.2 对停机场的选择和要求

为了加强管理,便于保养,不受各种灾害的侵害,凡工程机械较多的单位应建立停机场。停机场有临时性和永久性两种。设置停机场要从实际出发,因地制宜,其基本要求是便于管理,不受水灾、火灾侵害,便于保修或加油,便于出进,方便回转和紧急疏散。

1.永久性停机场

在各施工单位,养护部门的基地内设置停机场,一般要求环境稳定,适宜建设永久性的建筑和设施。根据工程机械数量的多少,确定规模、建筑、设施和场地等,按设计要求进行。

2.临时性机场

公路建设的特点是点多线长,流动分散。因此,临时性的停机场地必须根据这一特点建立。其设施应是临时性和简易性的,设备是可移动的,便于开展、撤收和转移。

临时性停机场以专业施工队为单位建立,即在本队施工地段内,选择适当地点。附近施工能自行的工程机械、工程车辆均可集中在这里,以便统一维护和管理。

不能自行的工程机械,单台或多台在一起使用时,可以建立临时停机棚,能够防风、防雨和防其他灾害。在山区停放时,应选择地基基础稳固的高地,注意防止被洪水淹没冲走,并在轮下加楔固定,以防滑坡。

3.停机场地的选择

在选择停机场地时,应根据停机场的技术要求,贯彻执行勤俭节约的方针。其基本条件是:

(1)场地宽阔,土质坚硬和便于排水;

(2)有良好的场内外道路,便于工程机械、工程车辆进出;

(3)便于开展维护工作;

(4)自然条件好,便于防风、防晒、防潮等;

(5)便于警卫和管理。

4.停机场的安全管理

(1)场内必须采取严格的防火措施,并配备必要的消防设备;

(2)场内除值班室和指定地点外,禁止吸烟;

(3)加油站与停机场应采取电器照明,严禁明火照明;

(4)场内常用油料应存放于油库内,工程机械维护工间的清洗油、润滑油等油液则必须专门存放,妥善保管;

(5)场内外道路必须畅通,各建筑物的出口附近,禁止堆放物品和停放工程机械;

(6)场内应保持清洁,作业用过的油污棉纱等,应投入专门容器内并及时处理;

(7)停机场如使用期较长,四周应设置围栏,防止工程机械零部件和小型机具丢失及损坏。

任务4 工程机械事故的预防

4.1 事故发生与发展的基本规律

任何事故的发生与发展都具有一定规律性。认识、掌握这个规律,对于分析事故原因,有效地预防事故和控制事故蔓延扩大具有很大意义。在劳动生产过程中,由于生产管理的缺陷(如:错误指令、错误操作、外界影响等)作用于危险因素,导致事故发生、蔓延和扩大。

从事故发生的时间历程上看,任何事故的发生与发展一般可分为三个阶段:

1.前兆阶段

导致事故的各种危险因素积累阶段称为事故发生和发展的前兆阶段。在这个阶段往往出现各种事故迹象(苗头、前兆或隐患),假如能及时发现,消除、控制这些隐患,就可避免事故或减少事故造成的损失。这正是开始安全检查工作的意义所在。

2.爆发阶段

这是事故高速度、大强度发生的阶段,时间上一般只是短暂的一瞬间,而事故造成的损失基本上都集中在这一阶段。这一阶段具有突发性和紧急性的特点,人为控制往往无法进行。

3.持续阶段

持续阶段指事故造成的后果(损失)仍然存在的阶段,这一阶段持续时间越长,造成的损失越大。如工商事故的抢救、善后处理、现场清理、恢复生产等都属于持续阶段。

4.2 工程机械事故的预防

凡由于管理、维修、经营、指挥、施工措施或者其他原因引起的工程机械非正常损坏或损失,造成工程机械及附件的精度或技术性能降低,使寿命缩短,不论对生产是否有影响均称为工程机械事故。

预防工程机械事故,把事故消灭在萌芽之中,是保证工程机械安全运转的重要措施,各级工程机械管理部门必须把它当做一件大事来抓,把预防工程机械事故工作做好。

预防工程机械事故发生要抓好以下工作:

1.安全制度的建设

(1)首先要贯彻好“安全为了生产,生产必须确保安全”和“合理使用,安全第一”的原则;建立专职安全机构,有专职人员负责工程机械安全管理工作,制定安全操作规程、安全责任制、安全考核标准和安全奖惩办法。

(2)各级机械设备管理部门应坚持对操作人员定期和不定期地进行安全教育,开展安全月活动,定期对操作人员进行安全技术考核。

(3)开展技术培训,提高业务素质和操作技能。

(4)坚持“三定”制度,严禁无证操作工程机械或非本机操作人员未经批准乱开工程机械的情况发生。

(5)结合机械设备检查,定期对工程机械的安全操作、安全保护和安全指示装置以及施工现场、使用工程机械情况和操作情况进行检查,发现问题及时处理,把事故苗头消灭在萌芽之中,杜绝事故的发生。

2.工程机械的防冻

每年在冬季来临之前,要布置和组织一次设备越冬维护工作,妥善安置越冬设备,落实越冬措施。特别对于停置不用的工程机械,要逐台进行检查,放净工程机械工作部分(如水泵等)的积水,同时加盖,防止雨、雪溶水渗入,并在工程机械外部挂上"水已放"的牌子,同时标明检查日期。

3.工程机械的防洪

(1)雨季到来之前一个月,在河里、水上或低洼地带施工或停放的工程机械,都要在汛期到来之前进行一次全面检查,采取有效措施,防止工程机械被洪水冲毁。

(2)雨季开始前,对露天存放的停用工程机械要上盖下垫,防止雨水渗入锈蚀工程机械。

4.工程机械的防火

(1)工程机械驾驶操作人员必须严格按防火规定进行检查,做到提高警惕,消灭明火,发现问题,及时解决。禁止用明火烘烤发动机。

(2)集中存放工程机械的场地内,要配备沙箱、灭火器等消防器材。禁止与工作无关人员入内。

(3)工程机械、工程车辆的停放,必须排列整齐,场内留有足够的通道,禁止乱停乱放,以免发生火灾时堵塞出路。

(4)工程机械在施工现场加注燃油时要有适当的防火措施,严禁加油时吸烟机附近有明火。

任务5　工程机械事故的处理

5.1　工程机械事故的性质

1.责任事故

(1)因维护不良,驾驶操作不当,或因缺水、缺油而损坏机件,打坏变速器、减速器、散热器或撞车、翻车及扭、断、裂工作装置等。

(2)修理质量差,未经严格检验而出厂,或因配合不当而烧瓦、轴承装配不当及螺栓或销子松动而使发动机、变速器、后桥等内部组件分离,损坏总成等。

(3)不属于正常磨损的机件损坏。

(4)因操作不当造成的间接损失,如起重机摔坏起吊物或碰坏其他物品、工程机械或地下已知的构造物和设施。

(5)因操作人员的违章作业和施工人员违章指挥所造成的工程机械损坏和其他事故。

(6)丢失主要随机附件和工具而影响工作的。

2.非责任事故

(1)因发生自然灾害,如台风、地震、山洪、雪崩和塌方,以及抢救灾害等造成的工程机械损坏,应该从实际出发,做出具体分析,确系预想不到和无法防范的,经鉴定属实,应作为非责任事故。

(2)属于原厂制造质量低劣,事先未被操作人员发现而发生的机件损坏,经鉴定属实,应作为非责任事故。

5.2 工程机械事故的分类

事故按其造成的危害性质分为工伤事故、交通事故和工程机械事故三大类,而工程机械事又分为一般事故、大事故和重大事故。工伤事故和交通事故由机械设备管理部门配合有关部门按规定处理;工程机械事故由机械设备管理部门负责处理。机械事故分为一般事故、重大事故、特大事故三类。

(1)一般事故:直接损失价值或修复费用在五千元(含)至五万元;

(2)重大事故:直接损失价值或修复费用在五万元(含)至十万元;

(3)特大事故:直接损失价值或修复费用在十万元及以上。

修复费用只计算直接发生的人工和材料费用或因事故造成机械设备报废的净值。未构成事故的均为机械设备故障。

5.3 工程机械事故的处理

(1)一般事故。一般事故,由设备使用单位负责处理,并在事发当日内将事故报告单、10日内将事故处理结果报子(分)公司设备物资部和安质部门。

(2)重大事故。重大事故,由设备使用单位当日报子(分)公司设备物资部和安质部门,子(分)公司负责组织事故处理,并在事故发生后15日将事故报告单和处理结果报集团公司设备物资部和安质部门。

(3)特大事故。特大事故由设备使用单位当日报子(分)公司设备物资部和安质部门,子(分)公司当日报集团公司设备物资部和安质部门,由集团公司组织处理。

(4)机械设备事故处理要执行“四不放过”原则,即事故原因分析不清不放过,事故责任者和职工群众未受教育不放过,没有防范措施不放过,事故责任者未受处理不放过。事故发生后,应立即采取措施,防止事故扩大,保护现场,报告上级部门;积极组织抢修,尽快恢复机械设备质量性能,分析事故原因,严肃处理事故责任者,制定事故防范措施,运用事例,对事故责任者和职工进行教育。

(5)在处理过程中,对责任者要根据情节严重、态度好坏和造成损失的大小分别予以批评教育、纪律处分、经济制裁,直至追究刑事责任和法律责任。对非责任事故也要总结教训。

(6)单位领导忽视安全生产,对人民生命财产不负责任者,追究领导责任,并应严肃处理。

(7)对长期坚持安全生产和采取措施、消除隐患,避免重大机械事故发生的人员,要给予表彰和奖励。

(8)在工程机械事故处理完毕后,将事故详细情况记入工程机械履历书的“事故记录栏内”,以备查考。

(9)工程机械事故发生后，如有人员受伤，要迅速抢救受伤人员，在不妨碍抢救人员的条件下，注意保留现场，并迅速报告领导和上级主管部门，进行妥善管理。如发生工程机械事故隐瞒不报，经发现后隐瞒者要严加处理。

(10)事故无论大小，肇事者和肇事单位均应如实上报，并填写"工程机械事故报告单"，如表5-1所示。一般事故报告单由肇事单位存查，大事故和重大事故报告单应在3日内报上级主管部门。

表5-1 工程机械事故报告单

填报单位：　　　　　　　　　　填报日期：

工程机械编号		工程机械名称		规格型号	
使用单位		事故时间		事故地点	
事故责任者		职务		事故等级	
事故经过及原因					
损失情况					
单位处理意见					
上级审批意见					
备注					

单位主管：　　　　　　　　　　经办人：

5.4 事故处罚

(1)对玩忽职守、违章指挥和违反操作、使用、修理规程而造成机械事故和经济损失的，根据情节轻重，分别追究单位领导和责任者的行政责任和经济责任。

(2)发生一般事故和重大事故，由子(分)公司对事故单位处以直接损失费用的10%～15%罚款；对事故直接责任者处以直接损失费用的1%～10%罚款；对事故单位领导处以直接损失费用的1%～5%罚款。

(3)发生特大事故，由集团公司对事故单位处以直接损失费用的10%～15%罚款；对事故直接责任者处以直接损失费用的1%～5%罚款；对事故单位领导处以直接损失费用的1%～3%罚款。

(4)对隐瞒重大或特大事故的单位责任者，要加重行政处罚。由集团公司对事故单位处以直接损失费用的20%～30%罚款，对事故单位主管领导处以直接损失费用的5%～10%罚款。

5.5 工程机械事故处理的分工

凡属于工程机械事故中所列举的各条，并不涉及交通安全问题者，均为工程机械事故，由机械设备管理部门处理，必要时请安全人事部门配合。至于撞车、撞人等交通安全事故，由交通管理部门处理。工程车辆损坏也必须填"工程机械事故报告单"，按规定上报。至于烧毁工程机械、工程车辆，或被破坏、盗窃等事故，应由保卫部门处理。机械设备管理部门检查损坏情况，填写"工程机械事故报告单"上报，并凭此单据请修理部门安排修理。

机械设备标识牌、安全操作规程标牌见图5-1、图5-2。

设备名称		管理编号	
规格型号		操作司机	
机修责任人		电气责任人	
设备状态		进场日期	
中国中铁　中铁 XX 局XXX项目经理部			

说明：尺寸为400×300。

图 5-1　机械设备标识牌

XXXX安全操作规程

中国中铁　中铁 XX 局XXX项目经理部

说明：标识牌尺寸可根据空间大小选择(长×宽)为 300×400、400×300、600×800、1500×1000 等。

图 5-2　安全操作规程标牌

学习情境6

特种设备管理

知识目标

1. 解释特种设备、应急预案等的概念；
2. 描述特种设备作业人员制度、特种设备安全管理制度的作业内容；
3. 掌握特种设备应急预案的主要内容。

能力目标

1. 制定特种设备安全管理制度、特种设备作业人员管理制度；
2. 编制特种设备应急预案。

任务1 特种设备认知

1.1 特种设备的概念

特种设备是指涉及生命安全、危险性较大的锅炉、压力容器(含气瓶)、压力管道、电梯、起重机械、客运索道、大型游乐设施和场内专用机动车辆等列入国家质检总局《特种设备目录》的设备,并包括其附属的安全附件、安全保护装置。

1.2 特种设备的分类

1. 承压类特种设备

(1)锅炉。

锅炉,是指利用各种燃料、电或者其他能源,将所盛装的液体加热到一定的参数,并通过对外输出介质的形式提供热能的设备,其范围规定为设计正常水位容积大于或者等于30L,且额定蒸汽压力大于或者等于0.1MPa(表压)的承压蒸汽锅炉;出口水压大于或者等于0.1MPa(表压),且额定功率大于或者等于0.1MW的承压热水锅炉;额定功率大于或者等于0.1MW的有机热载体锅炉。

(2)压力容器。

压力容器,是指盛装气体或者液体,承载一定压力的密闭设备,其范围规定为最高工作压力大于或者等于0.1MPa(表压)的气体、液化气体和最高工作温度高于或者等于标准沸点的液体、容积大于或者等于30L且内直径(非圆形截面指截面内边界最大几何尺寸)大于或者等于150mm的固定式容器和移动式容器;盛装公称工作压力大于或者等于0.2MPa(表压),且压力与容积的乘积大于或者等于1.0MPa·L的气体、液化气体和标准沸点等于或者低于60℃液体的气瓶、氧舱。

(3)压力管道。

压力管道，是指利用一定的压力，用于输送气体或者液体的管状设备，其范围规定为最高工作压力大于或者等于0.1MPa(表压)，介质为气体、液化气体、蒸汽或者可燃、易爆、有毒、有腐蚀性、最高工作温度高于或者等于标准沸点的液体，且公称直径大于25mm的管道。公称直径小于150mm，且其最高工作压力小于1.6MPa(表压)的输送无毒、不可燃、无腐蚀性气体的管道和设备本体所属管道除外。其中，石油天然气管道的安全监督管理还应按照《中华人民共和国安全生产法》《中华人民共和国石油天然气管道保护法》等法律法规实施。

2.机电类特种设备

(1)电梯。

电梯，是指动力驱动，利用沿刚性导轨运行的箱体或者沿固定线路运行的梯级(踏步)，进行升降或者平行运送人、货物的机电设备，包括载人(货)电梯、自动扶梯、自动人行道等。非公共场所安装且仅供单一家庭使用的电梯除外。

(2)起重机械。

起重机械，是指用于垂直升降或者垂直升降并水平移动重物的机电设备，其范围规定为额定起重量大于或者等于0.5t的升降机；额定起重量大于或者等于3t(或额定起重力矩大于或者等于40t·m的塔式起重机，或生产率大于或者等于300t/h的装卸桥)，且提升高度大于或者等于2m的起重机；层数大于或者等于2层的机械式停车设备。

(3)客运索道。

客运索道，是指动力驱动，利用柔性绳索牵引箱体等运载工具运送人员的机电设备，包括客运架空索道、客运缆车、客运拖牵索道等。非公用客运索道和专用于单位内部通勤的客运索道除外。

(4)大型游乐设施。

大型游乐设施，是指用于经营目的，承载乘客游乐的设施，其范围规定为设计最大运行线速度大于或者等于2m/s，或者运行高度距地面高于或者等于2m的载人大型游乐设施。用于体育运动、文艺演出和非经营活动的大型游乐设施除外。

(5)场(厂)内专用机动车辆。

场(厂)内专用机动车辆，是指除道路交通、农用车辆以外仅在工厂厂区、旅游景区、游乐场所等特定区域使用的专用机动车辆。

特种设备包括其所用的材料、附属的安全附件、安全保护装置和与安全保护装置相关的设施。《中华人民共和国特种设备安全法》已由中华人民共和国第十二届全国人民代表大会常务委员会第三次会议于2013年6月29日通过，自2014年1月1日起施行。2014年11月，国家质检总局公布了新修订的《特种设备目录》。

1.3 特种设备的操作规程

(1)特种设备必须取得国家或地方颁发的特种设备检验合格证及特种设备使用许可证方能使用；特种设备应定期检验，确保特种设备使用许可证或检验合格证在有效期内。

(2)根据《特种设备质量监督与安全监察规定》第十九条规定，特种设备作业人员(指特种设备安装、维修保养、操作等作业的人员)必须经专业培训和考核，取得地、市级以上质量技术监督行政部门颁发的特种设备作业人员资格证书后，方可从事相应工作。

(3)严禁非准许操作项目的作业人员操作未经允许操作项目的机械。

(4)特种设备的安装拆除方案，必须履行“编制、审核、批准”程序，由具备安装、拆卸作业机构组织编制，经相关部门审核及具有法人资格企业的技术负责人批准后实施。特种设备的安装拆除必须由具备相关资质的单位进行。

(5)对需进场安装、试验后申办安全检验合格证的特种设备(包括自有、外租和劳务队伍自带的特种设备，下同)，进场前必须具有有效的制造许可证、产品质量合格证、制造监检合格证。其他特种设备，进场前必须具有有效的厂家的制造许可证、产品质量合格证、安全检验合格证。

(6)特种设备拆卸时，应选择具有相应安装许可资格的单位实施拆卸工作，项目部必须与安装单位签订拆卸协议和施工安全协议；监督拆卸单位制定拆卸专项方案，应组织对机械设备拆卸方案进行评审，方案通过评审并批准后方可实施。机械设备拆卸前，应组织安全技术交底，保证机械设备拆卸过程的安全。

(7)对使用安全风险高的大型专用特种设备，相关项目部要建立作业过程安全检查签证制度，对机械设备操作程序和安全状态实行控制，安全责任落实到人。

任务2　特种设备安全管理制度

为建立健全企业机械设备管理制度，为单位的发展提供合法、安全、可靠、经济、有效的硬件设施设备保障，使设备安全管理工作步入系统化、规范化、制度化、科学化的轨道，依据《中华人民共和国特种设备安全法》(见附件5)(以下简称《安全法》)等法规、规范的要求，结合本单位实际，特制定本制度。

2.1　特种设备安全生产责任制

安全生产责任制度是特种设备安全管理制度的核心，是明确单位各级领导、各个部门、各类人员在各自职责范围内对安全生产应负责的制度，应根据部门和人员职责分工来明确具体内容，充分体现责、权、利相统一的原则，形成全员、全面、全过程的安全管理。

本单位的法定代表人是负责特种设备安全的第一责任人。本单位工程部全面负责本单位的特种设备安全管理工作，各级领导、各项目管理处应明确特种设备安全生产责任制，并予以落实。

2.2　特种设备安全管理制度

为保证本单位使用的锅炉(含换热设备)、压力容器、压力管道、起重机等特种设备安全、正常、有效使用，特制定安全管理规定，内容如下：

(1)特种设备的购置、安装。凡属特种设备均应由使用部门提出购置计划，经部门审核并报公司领导批准后采购，购买持有国家相应制造许可证的生产单位制造的符合安全技术规范的特种设备。

特种设备安装前，使用部门先确定具有国家相应安装许可的单位负责安装工作，开工前应照规定向特种设备安全监察部门办理开工告知手续。任何部门不得擅自安装未经批准的特种设备。安装完成后，本单位（或者应督促安装单位）应向有关特种设备检验检测机构申报验收检验。

(2)对各类特种设备进行注册登记。特种设备在投入使用前或者投入使用后30日内，向市、区质量技术监督部门办理注册登记。登记标志以及检验合格标志应当置于或者附着于该特种设备的显著位置。

(3)管理人员应明确所有设备的安装位置、使用情况、操作人员、管理人员及安全状况，并负责制定相关的设备管理制度和安全技术操作规程。

(4)特种设备档案资料的管理。

特种设备安全技术档案管理，是为特种设备安全运行提供技术保障的唯一可追溯的技术文件。各相关责任人均应给予高度重视和妥善保管。当需调阅特种设备技术档案资料时，档案管理责任人应严格照章办事，履行调用借阅手续并由相关领导审批后，方可交给资料借阅人。

特种设备技术档案应当包括以下内容：特种设备的设计文件、制造单位、产品质量合格证明、使用维护说明书等文件以及安装技术文件和资料等。特种设备运行管理文件包括：特种设备的定期检验和定期自行检查的记录；特种设备的日常使用状况记录（运行记录）；特种设备及其安全附件、安全保护装置、测量调控装置及有关附属仪器仪表的日常维护保养记录；特种设备运行故障和事故记录等。

(5)特种设备使用制度。

①特种设备使用部门的各级管理人员，应具有安全生产意识和特种设备使用管理相关知识，加强特种设备使用环节的安全管理工作。

②各设备使用地点、场所（如：压力容器、龙门吊等）应设置安全警示标志，严格履行出入人员登记手续，安全管理人员、操作人员，一律按规定登记进入。凡进入危险场所的其他人员（包括领导检查、外来参观、设备维保、设备检测人员）进入，应由本单位或部门负责人批准，并在安全管理人员、操作人员等陪同下进入，进入后严格遵守相关制度，不得操作特种设备。其他人员不得进入上述地点、场所。

③依据《条例》《特种设备作业人员监督管理办法》规定，特种设备的作业人员和安全管理人员应经特种设备安全监察部门考核合格后，方可从事相应特种设备的作业或管理工作。严禁安排无证人员操作特种设备，杜绝违章指挥和违章操作现象。特种设备操作人员在作业过程中发现设备事故隐患或者其他不安全因素，应当立即向设备安全管理人员和部门安全负责人报告。

各设备使用部门应当对特种设备作业人员进行条件审核，保证作业人员的文化程度、身体条件等符合有关安全技术规范的要求；并进行特种设备安全教育和培训，保证特种设备作业人员具备必要的特种设备安全作业知识；培训应做出记录；特种设备作业人员的资格证书到期前三个月，应提出复审申请，复审不合格人员不得继续从事特种设备的作业。

④特种设备作业人员应当严格执行特种设备的操作规程（操作规程可根据法规、规范、标准要求，以及设备使用说明书、运行工作原理、安全操作要求、注意事项等内容制定，具体内容

可参考《特种设备操作规程》)和有关的安全规章制度。

设备运行前，做好各项运行前的检查工作，包括：电源电压、各开关或节门状态、油温、油压、液位、安全防护装置以及现场操作环境等。发现异常应及时处理，禁止不经检查强行运行设备。

设备运行时，按规定进行现场监视或巡视，并认真填写运行记录；按要求检查设备运行状况以及进行必要的检测；根据经济实用的工作原则，调整设备处于最佳工况，降低设备的能源消耗。

当设备发生故障时，应立即停止运行，同时启动备用设备。若没有备用设备时，则应立即上报主管领导，并尽快排除故障或抢修，保证正常经营工作。严禁设备在故障状态下运行。

因设备安全防护装置动作造成设备停止运行时，应根据故障显示进行相应的故障处理。一时难以处理的，应在上报领导的同时，组织专业技术人员对故障进行排查，并根据排查结果，抢修故障设备。禁止在故障不清的情况下强行送电运行。

当设备发生紧急情况可能危及人身安全时，操作人员应在采取必要的控制措施后，立即撤离操作现场，防止发生人员伤亡。

⑤各使用部门应加强特种设备的维护保养工作，对特种设备的安全附件、安全保护装置、测量调控装置及相关仪器仪表进行定期检修，填写检修记录，并按规定时间对安全附件进行校验，校验合格证应当置于或者附着于该安全附件的显著位置，并送交质监部门备案。

⑥设备使用部门应按照特种设备安全技术规范的定期检验要求，在安全检验合格有效期满前30天，向相应特种设备检验检测机构提出定期检验要求。各设备使用部门应予以积极地配合、协助检验检测机构做好检验工作。未经定期检验或检验不合格的特种设备，不得继续使用。根据特种设备检验结论，通知各使用部门做好设备及安全附件的维修、维护工作，以保证特种设备的安全状况等级和使用要求。对设备进行的安全检验检测报告以及整改记录，应建立档案记录留存。

⑦单位根据设备使用情况，定期(至少每月进行一次)组织安全检查和巡视，并做出记录。各部门特种设备安全管理人员应当对所属特种设备的使用状况进行检查(但每月不少于一次)，发现问题或异常情况应立即处理；情况紧急时，可以决定停止使用特种设备并及时报告管理部门。

⑧特种设备如存在严重事故隐患，或无改造、维修价值，或超过安全技术规范规定使用年限，应及时予以报废，并由使用部门向区特种设备监察科办理注销手续。

⑨为了保障特种设备安全运行，本单位制定了详尽的、可靠的、操作性强应急预案，主要内容包括：应急救援组织及其职责；危险目标的确定和潜在危险性评估；应急救援预案启动程序；紧急处置措施方案；应急救援组织的训练和演习；应急救援设备器材的储备；经费保障。应确保在遇到突发事件或意外情况时，能够迅速控制及疏导人员，防止引发事故。

应急预案另行公布(具体要素和范例可参考《应急预案要素》)，单位定期组织相关人员演练，每年不得少于一次，演练做出记录存档。

⑩本单位安质部将采取定期检查和不定期抽查的方式，对各特种设备使用部门的安全生产管理情况进行检查，并将检查结果以书面形式反馈给使用部门。

⑪本单位结合年终评比工作，对在特种设备安全使用管理过程中成绩突出的部门或个人，

给予通报表扬和奖励。对使用管理不善、设备隐患较多，给本单位造成经济损失和不良影响的部门或个人，视情节予以批评教育或处罚，触犯法律的要追究相关责任人的法律责任。

(6)特种设备安装、拆除与进场验收。

①特种设备安装、拆除作业前技术准备。

a.项目部应依据实施性施工组织设计对拟安装或拆除的特种设备进行进场初步审查，阅读设备技术资料，确认选型正确、配套完整、技术性能满足施工需要。

b.大型专业成套施工设备使用管理，应组建专业施工作业队，设置队长、副队长、总工等主要管理岗位，负责编写大型成套施工设备作业指导书，并做好作业指导书的技术交底。

c.特种设备安装、拆除应选择有国家颁发相应资质的单位，并与其签订安装拆除协议及安全责任书；并检查验证作业人员的特种作业证书，逐一登记建账。

d.按规制定特种设备安装拆除方案，必要时应组织专家论证，方案应明确安装(拆除)工作程序、作业人员安排、机具配备、安全保障措施和应急预案。

e.项目部应提前一周，将安装、拆除方案报上一级设备主管部门审查批准，未经批准不得进行施工。

f.方案批准后项目部应按批准的安装、拆除实施方案组织做好技术交底和安全技术培训，并按规定及时到项目所在地质检技术监督部门办理开工告知手续。

②特种设备安装、拆除、验收工作程序。

a.拟装设备进场审验—阅读设备资料—选定施工作业单位—签订安装拆除协议—编制安装拆除方案—公司审查备案(方案报批)—技术交底和安全培训—开工告知—场地规划整修—施工单位组织施工(项目安排专职人员负责监督)—过程检查(项目)—过程工序自检(施工单位)—整机联合检查—安装调试及试运行(必要时，请公司或安全、设备部门参与监督)—形式试验(必要时)—设备报检取证—最终交验—操作人员培训考核—正式投入使用。

b.单台套价值在500万元及以上特种设备安装完毕后首次整机试运行，应以书面形式提前5日通知局设备、安全部门。

c.单台套价值在500万元以下特种设备安装完毕后首次整机试运行，应以书面形式提前3日通知公司设备、安全部门，由公司设备、安全部门负责组织有关人员参与设备调试运行与验收。

d.安装调试完毕后，应按规定向监理和项目所在地质检技术监督部门履行报检手续，取得特种设备运营许可证书后，方可正式投入使用。

e.设备操作人员必须经过设备制造单位及国家技术监督部门专门培训，并取得相应的特种作业操作资格证书方可上岗。

③特种设备日常检查、维护与保养。

a.特种设备的维护与保养必须做到正确使用，精心维护，严格按照特种设备日常检查项目要求进行检查，并做好检查记录。

b.严格执行操作规程，不得擅自拆除和损坏特种设备安全附件，安全附件应按国家规定的检验周期进行检验，并取得相应合格证。

c.在日常使用与维修过程中，未经设计制造单位书面许可，不得对设备关键部件进行改造。

d. 为防止设备老化带来的功能失效，非标特种设备使用一段时间(其中：门式起重使用3年，架桥机使用5年)，应按照新机出厂检验标准(如：动载1.1倍，静载1.25倍)进行一次模拟荷载试验，根据试验结果对设备结构性能进行有针对性的维护、保养和改造。

e. 操作人员在正常操作状态下发现异常情况，应立即查明原因，采取有效的处理措施并及时向项目设备主管汇报。

f. 执行巡回检查制度和交接班制度，及时填写检查、交接班记录。

g. 保持设备整洁和周围环境的清洁卫生，积极开展"完好设备评比"活动，实行日常维护和日常保养的双包责任制。

(7)其他。

设备大修、改造、移动、报废、更新及拆除应严格执行国家有关规定，按单位内部逐级审批，并向特种设备安全监察部门办理相应手续。严禁擅自大修、改造、移动、报废、更新及拆除未经批准或不符合国家规定的设备，一经发现除给予严肃处理外，责任人还应承担由此而造成的事故责任。

2.3 特种设备维护保养制度

加强设备的维护保养，是保证设备安全运行、降低能源消耗、延长设备使用寿命的有效手段，各设备使用部门应认真学习并贯彻落实本制度。

(1)根据设备使用的规范要求、使用年限、磨损程度以及故障情况，编制设备的年度、月、周、日维护保养计划，明确维护保养工作的开始时间及完成日期，按期完成计划项目。

(2)根据设备运行周期，定期对设备进行检修。按设备使用情况，进行有针对性的维修和保养。维护保养工作应根据设备的不同部位，编制维护保养项目明细，对易磨损、老化部位实施重点维护保养，及时更换破损、变形部件，保证设备的安全等级和质量标准。

(3)在维护保养工作中，摸索设备使用及磨损规律，确定维护保养周期。依据维护保养周期，储备维护保养工作所需的设备零部件，保障及时有效地实施维修保养计划。

(4)在不影响维修保养质量的前提下，大力提倡修旧利废。增强设备维修人员节支降耗意识，减少或降低维修保养的物料消耗。

(5)维修保养工作切忌走过场，敷衍了事。应建立设备维护保养档案记录，将每次维修情况、维修内容、更换配件情况用文字记录备案。使维修工作制度化、规范化、系统化，为员工专业技术培训提供教案，做到心中有数。设备使用部门的管理人员应随时掌握维护保养计划的落实情况，并负责监督检查，使设备维修保养制度化、规范化。

设备维修质量高低，取决于维修人员的专业技术水平。各部门应加大维修人员专业技术培训的力度，使其不断学习新知识，掌握新技术，才能满足本单位硬件设施设备不断更新的技术要求。

(6)当设备发生故障时，维修人员应迅速赶赴设备现场，根据故障现象，分析判断故障原因，并针对故障原因实施有效的维修处理。同时，对设备故障点相关部位进行附带检查，防止遗漏其他事故隐患。确认排除故障后，交由运行人员启动设备，待设备运行正常后方能撤离设备维修现场。

如果达到了应急预案的预警要求，应迅速启动应急预案，确保紧急情况得到有效处理，防止故障扩大。

任务3 特种作业人员管理制度

特种作业人员是指在生产过程中直接从事对操作者本人或他人及其周围设施的安全有重大危害因素的作业人员。为保障设备安全运行，切实贯彻机械设备操作证制度，确保广大人民群众的生命财产安全，特制定特种作业人员管理制度。

(1)凡属国家规定内的特种作业人员(如：电工、电焊工、登高架设工、起重工、施工用电梯操作工等工种)，必须按规定要求取得"中华人民共和国特种作业操作证"后持证上岗。

(2)特种作业人员，除应接受三级安全教育外，还应再接受对特种作业人员的专门针对性的安全教育，严格遵守安全技术操作规定，并经有关培训部门培训考试合格后凭证方可上岗工作。

(3)特种作业人员由企业每年进行一次复审教育和参加体检，由企业安全等部门负责进行考核，自发证之日起每年到发证机关进行复审手续。

(4)工种发生变化时，应经企业安全等有关部门同意、备案，一般工种转变为特殊工种时，应接受特殊工种安全技术教育，经有关部门考核合格方可持证上岗。

(5)特种作业人员必须要责任心强，熟练本工种业务技术、安全知识和检查标准与操作规程，不冒险蛮干，发现问题及时处理。

(6)特种作业人员必须保存好自己的上岗证件，如有丢失及时汇报。

(7)凡特种作业人员必须遵守以上管理制度。

项目部特种设备操作人员名册见表6-1。

表6-1 项目部特种设备操作人员名册

项目部： 填报日期：

序号	姓名	性别	年龄	工种	操作证编号	证件有效期	人员身份	所属单位	管理编号	设备名称	规格型号
1											
2											
3											
4											
5											
6											
7											
8											
9											
10											

续表 6-1

序号	姓名	性别	年龄	工种	操作证编号	证件有效期	人员身份	所属单位	管理编号	设备名称	规格型号
11											
12											
13											
14											
15											
16											
17											
18											
19											
20											
21											
22											
23											
24											
25											

机械工程师：　　　　安质部部长：　　　　物设部部长：　　　　生产副经理：

任务 4　特种设备应急预案

4.1　总则

1. 编制目的

为了正确、迅速和有效地处置部门特种设备可能发生的安全事故，有条不紊地开展应急救援工作，最大限度地减少企业人员伤亡和财产损失，真正贯彻落实“安全第一，预防为主”的安全生产方针，保证生产经营顺利进行，根据国家有关规定结合本项目实际，制定本综合应急预案。

2. 编制依据

制定本预案的依据是《中华人民共和国安全生产法》《特种设备安全监察条例(国务院令第549号)》、《特种设备作业人员监督管理办法(2011年修订)》、《建筑机械使用安全技术规程》(JGJ 33—2012)、《起重机械使用管理规则》(TSGQ 5001—2009)、《国务院关于进一步加强安全生产工作的决定》、《建设工程安全生产管理条例》、《安全生产许可证条例》、《国务院关于全面加强应急管理工作的意见》、《生产安全事故报告和调查处理条例》、《国家突发公共事件总体应急预案》、《生产经营单位安全生产事故应急预案编制导则》等法律、法规、标准和有关规定。

3.适用范围

(1)本应急预案适用于项目部生产经营过程中突然发生且已经造成或者可能造成重大人员伤亡、重大财产损失,有重大社会影响或涉及公共安全与安全事故的应急处置工作。

(2)动力部分的特种设备有:起重机、龙门吊、六台空压机、六台储气罐及其设备的安全附件。

4.应急工作原则

(1)以人为本,安全第一,最大限度地减少或减轻重大安全事故造成的人员伤亡和财产损失以及社会危害。

(2)分级管理,分级负责。根据重大安全事故等级、类型和职责分工,项目部及其所属施工队负责相应的安全事故应急处置工作。

(3)集中领导,统一指挥,条块结合。项目部及其所属施工队要各司其职,有组织地开展事故处置活动。事故现场设立应急处置指挥机构,实行集中领导、统一指挥。实行属地为主,上下联动进行事故处置活动。

(4)信息准确,运转高效。项目部及其所属单位法人和项目经理部的经理要及时报告事故信息。在地方人民政府的领导下,与地方人民政府和有关部门密切协作,快速处置信息。相关单位应当在接到事故信息后迅速启动应急预案。

(5)预防为主,平战结合。贯彻落实"安全第一,预防为主,综合治理"的方针,坚持事故应急与预防工作相结合,做好预防、预测、预警和预报、正常情况下的工程项目风险评估、应急物资储备、应急队伍建设以及完善应急装备和应急预案演练等工作。

4.2 组织机构及职责

1.组织机构

项目经理部应设立特种设备安全事故应急指挥部,其组成如下:

总指挥:项目经理;

副总指挥:副经理、总工程师、安全总监;

成员:工程部长、安质部长、物资部长、财务部长、计划部长、办公室、各施工队负责人。

2.应急救援职责

(1)项目部事故应急指挥部总指挥职责。

A.认真贯彻国家、地方、行业等上级有关安全应急管理的法律法规、标准、规程;

B.建立健全单位安全应急管理组织机构,组织制定或修改单位应急预案并发布实施;

C.保证应急救援资源的有效投入;

D.掌握项目部安全事故信息,及时向当地政府和公司报告事故情况;

E.组织、指挥项目部安全事故应急救援预案的实施,组织或协助对事故进行调查、分析、处理和灾后恢复。

(2)项目部事故应急指挥部副总指挥职责。

A.协助总指挥进行安全应急管理,在总指挥未在位的情况下代行总指挥职责;

B.指导、协调和参与项目部所属施工队安全事故应急处置;

C. 组织开展对应急处置相关知识的宣传、培训和演练等工作；

D. 及时掌握单位安全事故信息，并向总指挥汇报；

E. 组织实施单位应急救援，防止事故扩大，减少事故伤亡和经济损失，协助进行事故调查处置。

(3)项目部事故应急指挥部职责。

A. 拟定项目部突发事件综合应急预案；

B. 监督、指导和协调项目部所属施工队制定和完善应急预案，落实预案措施，做好事故发生后的应急处置、信息上报和发布、善后处置等工作；

C. 指导、协调和参与项目部所属单位安全事故应急处置；

D. 及时了解和掌握项目部所属单位的安全事故信息，根据事故情况需要，及时向当地政府和公司报告事故情况；

E. 组织事故调查工作，或配合当地政府、公司等上级职能部门进行事故调查、分析、处理及评估工作；

F. 为地方提供事故处理的专家和技术支持，组织事故应急处置相关知识的宣传、培训和演练。

(4)项目部安全事故应急指挥部办公室职责。

A. 在项目部安全事故应急指挥部和项目部安全生产委员会的领导下，负责项目部安全事故应急的日常事务工作；

B. 组织实施应急预案，传达项目部事故应急指挥部的各项指令，协调项目部安全事故应急处置工作；

C. 汇总事故信息并报告(通报)事故情况，组织事故信息的发布工作；

D. 承办项目部事故应急指挥部召开的会议和重要活动；

E. 承办项目部事故应急指挥部交办的其他事项。

(5)项目部安全事故应急指挥部抢险组职责。

实施应急处置时，将人员和设备迅速撤离危险地点，根据现场情况，适时调整并调集人员、设备和物资搜救被困人员。

(6)项目部安全事故应急指挥部救护组职责。

负责现场伤员的医疗抢救工作，根据伤员受伤程度做好转运工作。

(7)项目部安全事故应急指挥部疏导组职责。

负责维护现场，将获救人员转至安全地带；对危险区域进行有效的隔离。

(8)项目部安全事故应急救援指挥部保障组职责。

负责应急救援方案的制订，并保证应急处置的通讯、物资、设备和资金及时到位及后勤保障。

3. 事故应急救援程序

事故应急救援程序如图 6 - 1 所示。

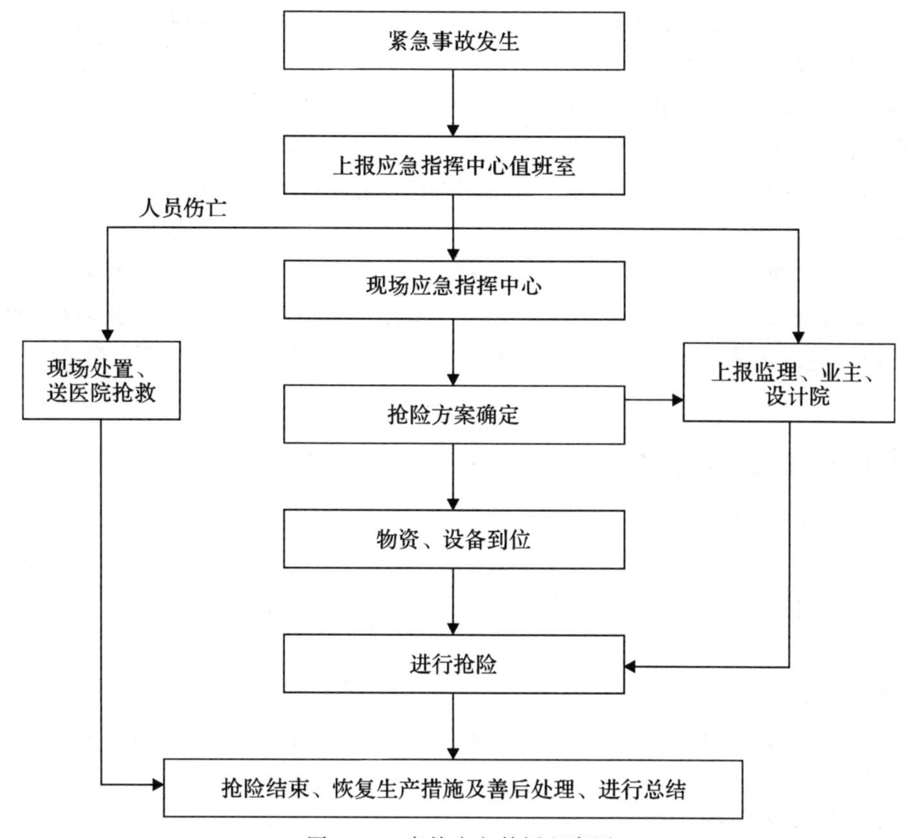

图6-1 事故应急救援程序图

4.3 项目部预警机制

(1)项目部对在用特种设备要进行经常性日常维护保养,并定期自行检查。对在用特种设备至少每月进行一次自行检查,并作出记录。

(2)压力容器严禁超温超压运行,加载和卸载要求缓慢平稳,运行期间要保持载荷相对平稳,压力容器处于工作状况时严禁拆卸压紧螺栓。

(3)应当对在用特种设备的安全附件、安全保护装置、测量调控装置及有关附属仪器仪表进行定期校验、检修,并作出记录。

(4)应当按照安全技术规范的定期检验要求,在安全检验合格有效期届满前1个月向特种设备检验检测机构提出定期检验要求。检验检测机构接到定期检验要求后,应当按照安全技术规范的要求及时进行检验。未经定期检验或者检验不合格的特种设备,不得继续使用。

(5)特种设备出现故障或者发生异常情况,部门应当对其进行全面检查,消除事故隐患后,方可重新投入使用。

(6)对在用特种设备进行自行检查和日常维护保养时发现异常情况的,应当及时处理。

(7)特种设备作业人员应当按照国家有关规定,经特种设备安全监督管理部门考核合格,取得国家统一格式的特种作业人员证书,方可从事相应的作业或者管理工作。

(8)特种设备使用单位应当对特种设备作业人员进行特种设备安全教育和培训,保证特种设备作业人员具备必要的特种设备安全作业知识。特种设备作业人员在作业中应当严格执行特种设备的操作规程和有关的安全规章制度。

(9)特种设备作业人员在作业过程中发现事故隐患或者其他不安全因素,应当立即向管理人员和部门有关负责人报告。

(10)特种设备的管理人员应当对特种设备使用状况进行经常性检查,发现问题应当立即处理;情况紧急时,可以决定停止使用特种设备并及时报告部门有关负责人。

(11)部门要定期或不定期对部门的特种设备和安全、消防设施进行全面检查,确保设备安全、可靠、稳定运行和设施功能齐全有效。及时了解职工的思想状况和发现部门存在的安全隐患,组织部门力量或协调相关部门采取各种措施,把部门的不稳定因素和安全隐患消灭在萌芽状态。

4.4 特种设备应急措施

1.锅炉事故应急措施

一旦发生锅炉爆炸事故,必须设法躲避爆炸物和高温水、汽,在可能的情况下尽快将人撤离现场,有条件时拨打“119”“120”“110”等电话请求救援,并将情况逐级上报。爆炸停止后立即查看是否有伤亡人员,并进行救助。

2.铲车事故应急措施

铲车举升货物到高空后如发生不能放下故障后,司机应选择安全地点停车,并警戒任何人不准通过危险区,如短时间内故障处理不好,应用隔离带将铲斗隔离。

3.起重机事故应急措施

起重机吊运重物时如遇突然停电或设备突然发生故障,司机和指挥人员不准离开现场,要警戒任何人不准通过危险区,等电力恢复或设备处理完后将吊运的重物放好后才能离开。

4.压力容器设备及附件的事故应急措施

当压力容器及其设备发生爆裂、鼓包、变形、大量泄漏或突然停电、停水,使压力容器及其设备不能正常运转,或压力容器及其设备周围发生火灾等非正常原因时,必须紧急停止运行。

压力容器及其设备一旦发生锅炉爆炸事故,必须设法躲避爆炸物,在可能的情况下尽快将人撤离现场,有条件时拨打“119”“120”“110”等电话请求救援。爆炸停止后立即查看是否有伤亡人员,并进行救助。

4.5 应急响应

(1)部门引导职工全员参与到企业的安全管理工作中,职工发现安全隐患和事故时,个人能够采取措施的应立即采取相应措施,并立即逐级上报。

(2)部门应急领导小组接到安全隐患和事故信息后,其成员必须立即到达现场,组织和指挥应急行动。

(3)在本部门不能处理安全隐患和事故的条件下,部门必须立即把安全隐患和事故信息上报项目部应急指挥中心,进入企业应急响应程序。

(4)部门上报项目部应急指挥中心的预警报告要做到迅速、准确,报告内容要客观真实,不得主观臆断。

(5)应急领导小组必须主动配合有关部门对事故进行调查、检测与后果评估工作。部门在特大事故抢险救灾过程中，部门应急领导小组要及时介入，认真做好死、伤者家属的安抚、赔偿及其他善后工作，确保社会稳定。

(6)应急处理工作结束后，应急领导小组要组织相关人员进行分析总结，认真吸取教训，及时进行整改。

(7)应急领导小组对在处置安全事故中有突出贡献的人员，按照有关规定给予表彰和奖励。对引发安全事故负有重要责任的人员，在处置过程中玩忽职守、贻误时机的人员，按照有关规定给予处分；构成犯罪的，由司法机关依法追究刑事责任。

4.6 应急保障

(1)应急领导小组对工厂按照规定配备应急消防、安全防范等设备、器材要加强管理和维护，确保器材配置合理有效。

(2)应急领导小组要加强部门内部应急队伍的建设，组织培训和演练，提高部门内部应急队伍的素质。

4.7 后期处理工作

(1)部门要配合单位积极做好事故的善后处置工作，要努力协调资金、物资，做好事故后的人员安置以及灾后重建工作。

(2)对事故中的伤亡人员，部门要配合单位主动与当地政府、劳动部门等有关单位协商，严格按国家有关规定做出补偿。

(3)发生安全问题后，部门要积极配合企业和有关部门，对事故进行调查，根据企业的要求限期将情况报工厂应急指挥中心。

4.8 责任追究

对发生特大事故(事件)的有关责任人，根据国务院有关规定处理，对触犯法律的责任人，由司法机关依法追究刑事责任。

4.9 附件

项目经理部各负责人应急电话一览表等。

附　录

附件1　机械目录

管理编号	机械名称	规格单位	管理编号	机械名称	规格单位
Ⅰ土石方及筑路机械					
101	挖掘机	m^3	116	潜孔钻机	直径深度
102	推土机	kW	117	凿岩台车	m/min
103	拖拉机	kW	118	掘进机/盾构机	直径
104	铲运机	kW	119	露天钻机	直径×深度
106	压路机	t	120	装药台车	kg/h
107	平地机	kW	121	锚杆台车	m/min
109	挖沟机	kW	122	隧道打眼车	m/min
110	装载机	m^3	123	捞土斗	m^3
112	装岩机	m^3/h	124	水平钻机	直径×深度
113	通风机	m^3/min	125	注浆钻机	直径×深度
114	锻钎机		199	其他土石方设备	
Ⅱ动力机械					
201	空压机	m^3/min	207	充电机	
202	发电设备	kW	208	高压开关柜	
203	锅炉	t/h	209	低压开关柜	
204	内燃机	kW	211	锅炉附属设备	
205	电动机	kW	217	储风筒	
206	变压器	kVA	299	其他动力设备	
Ⅲ起重机械					
301	塔式起重机	t·m	313	电动葫芦	t
302	汽车起重机	t	314	千斤顶	t
303	轮胎起重机	t	315	电气化架线车	

续表

管理编号	机械名称	规格单位	管理编号	机械名称	规格单位
304	履带起重机	t	316	叉式起重机	t
305	轨道吊	t	317	电气化安装车	
306	龙门起重机	t	318	电气化立杆车	
307	简易起重机	t	319	施工电梯	t
308	缆索起重机	t	320	拼装吊机	t
309	桥式起重机	t	322	单臂吊机	
310	卷扬机	t	324	平台升降机	
311	浮吊	t	325	造桥机	
312	架桥机	t	399	其他起重设备	
Ⅳ运输机械					
401	载重汽车	t	409	电瓶车	kW
402	自卸汽车	t	410	轨道车	kW
403	油槽汽车	L	411	梭式矿车	m^3
404	水槽汽车	L	413	翻斗车	t
405	大小客车	人数×kW	414	机车	kW
406	生/消/卫/公	kW	416	汽车拖斗	t
407	拖车头带平板	t	417	轨道平板车	t
408	特种运输机	t/h	499	其他运输设备	
Ⅴ混凝土机械					
501	混凝土搅拌机	L	519	混凝土泵车	m/h
502	砂浆拌合机	L	520	混凝土三联机	m/h
503	混凝土喷射机	m^3/h	521	混凝土机械手	
504	注浆泵	m^3/h	522	水泥拆包机	
506	混凝土输送泵	m^3/h	523	风送水泥机	
507	混凝土震动台	吨×长×宽	525	拉丝机	
508	混凝土震动筛	目	526	混凝土真空泵	
509	碎石机	长×宽	528	钢模整型机	
513	磨砂机	长×宽	529	混凝土抹光机	
514	混凝土搅拌站	m^3/h	530	挤压成型机	
515	混凝土搅拌仓	m^3/h	538	刨石机	
517	散装水泥车	kW	599	其他砂石机械	
518	混凝土输送车	m^3			

续表

管理编号	机械名称	规格单位	管理编号	机械名称	规格单位
Ⅵ基础水工机械					
601	蒸汽打桩机	t	608	打桩机锤头	t
602	柴油打桩机	t	609	打桩船	
603	震动打桩机	激振力 t	610	电杆钻坑车	直径×深度
604	基础钻机	直径×深度	611	沉拔桩机	激振力吨/拨桩力吨
605	各类水泵	扬程×流量	612	连续墙设备	
607	顶进设备		699	其他水工设备	
Ⅷ金属加工机械					
801	车床	直径×中心距	821	压力机	吨
802	铣床	工作台长×宽	822	锻造设备	
803	刨床	最大行程	823	卷板机	工件厚×宽
804	磨床	直径×长度	824	热处理设备	
805	钻床	钻孔直径	825	工程修理车	
806	镗床	镗孔直径	827	电焊设备	kVA
807	插床	工件直径×模数×行程	828	滤油机	kg/h
808	拉床	拉力×行程	829	铸造设备	
809	齿轮加工机床	直径×模数	830	熔炉	
810	螺纹加工机床	直径×长度	831	电/刷镀设备	
811	电火花线切割		833	管道加工机	
812	联合机床		836	加油机	kg/min
813	镗缸机		838	汽车修理设备	
814	搪瓦机		839	绕组修理设备	
816	珩磨机		843	清洗除锈设备	
817	磨气门/座机		844	橡胶设备	
819	金属锯床		899	其他车间设备	
820	剪冲设备				

续表

管理编号	机械名称	规格单位	管理编号	机械名称	规格单位
Ⅸ测检设备					
901	燃油泵试验台		909	液压试验设备	
903	电气试验设备		911	硬/厚光洁度	
904	测功设备		913	油水分析	
906	材料试验机		914	气体温度振动	
907	控伤仪		999	其他仪器仪表	
Ⅹ线路机械					
001	铺轨机	km/h	008	轨排钉连机	
002	倒装龙门吊	km/h	009	沥青摊铺机	摊铺宽度 m
003	铺碴机		010	沥青搅拌站	t/h
004	起拨道机		011	混凝土摊铺机	摊铺宽度 m
005	液压捣固机		012	稳定土拌合站	t/h
006	道砟整形机		099	其他线路设备	
007	夯拍机				

附件2　设备采购办法

设备购置是机械管理工作重要内容之一，其购置质量直接关系到设备的装备能力、企业的生产能力、整体结构和经济效益的发挥。为进一步提高机械管理水平，规范设备购置管理，特制定本办法。

一、设备选型

（一）选型的基本原则

生产上适用，经济上合理，技术上先进，能满足环保要求和不同工况下的使用条件。

（二）选型的主要内容

（1）设备的生产效率和工作性能精度（在设备寿命周期内）。

（2）设备的可靠性、经济性和节能性。

（3）设备的标准化程度与维修性。

（4）劳动保护、工作安全性及符合环境管理要求。

（三）选型的步骤

（1）预选：通过产品目录、样本、媒体广告等，对市场产品进行筛选。

（2）比选：在预选基础上，首先就产品的技术参数、供货时间及市场覆盖情况和单机价位等进行调研、咨询，详细了解该产品在国内其他单位、领域的使用情况与反映，确定具体型号和初选专业制造厂家，并进行洽谈比选。

（3）终选：在比选的基础上，通过与所确定的生产厂家进一步接触，必要时可作专题考察，形成论证报告，最终确定机型及生产厂家。

二、购置计划

（一）编制依据

（1）企业设备的装备规划与企业内部设备调剂能力。

（2）企业设备更新计划与规划。

（3）施工生产规模扩大的装备需求。

（4）社会设备租赁业可提供的支持保证。

（二）报批程序

公司年度施工设备购置计划由公司董事会批准后，在批准的额度和范围内采购。

三、购置实施

为做好购置工作，各单位应成立由单位领导、设备管理人员、财务人员等组成的设备购置领导小组，组织本单位设备采购工作。使采购工作透明清晰，切忌个人包办代替。

（一）集中采购

公司应把主要施工设备的采购作为其工作重点。

(二)数量较多、单台设备价值较高的设备采用招标法采购

(1)一次采购主要施工设备(相同型号)2台及以上或金额在10万元及以上、非主要施工设备(相同型号)3台及以上和单机价格在5万元及以上,应实行市场招标法进行。

(2)招标文件的制订、生产厂家的邀请、评标直至中标通知发布,均应在公开、公正、公平的原则下按招标法实施操作。

(3)数量和价格虽不在招标采购规定的范围内,也应本着公开、公正、公平的原则进行,工作过程应充分发挥各相关部门作用,严禁个人包办代替。

(4)物设中心招标采购设备时应通知使用单位、股份公司物设部有关人员和主管设备物资的有关领导参加,并受物设部的监督。所有设备的采购合同必须报物设部备案。

(三)购置总体原则

(1)在把握产品质量、价格、售后服务及供应商信誉等要求前提下,优先采购市场认可优质名牌产品。

(2)依照《中华人民共和国合同法》,供需双方签订的订货合同必须平等,以维护企业利益。合同价款在150万元以上时应到法律部门咨询或公证,以确保合同严格履行。

(3)依照国家《中华人民共和国产品质量法》,设备采购必须确保产品质量,价格合理,凡违规采购假冒伪劣产品的责任人必须承担相应的经济和行政责任,情节严重的由单位纪检部门查处。

四、验收和索赔

(一)验收依据

包括订货合同及供货范围、装箱单、到货清单、产品合格证、质量保证书、设备使用保养说明书、零配件目录及设备中的配套出厂合格证和相关文件、技术资料等。

(二)验收内容

主要包括设备外观检查技术状况的检验、随机配套件/附件的生产厂与订货合同要求是否一致,随机件、易损备品配件及有关技术资料等清点工作。

(三)技术检验

(1)外部检验:主要检查设备外部各部件、仪表等外观是否损坏或短缺。设备加注的各种油、水是否符合要求。

(2)空运转检验:检查各操作系统是否灵活、方便,仪器仪表显示是否正确。设备运转后不允许有跑、冒、滴、漏现象。检查应按动力传递次序检查各总成及部件的工作状况。

(3)带负荷检验:通过带负荷来测定设备的技术性能、使用性能是否与说明书规定相符(带负荷量大小按设备技术要求执行)。

检验中如发现产品设计、制造问题或缺陷时,要详细记录并拍照,在质保期内由购置单位及时向生产厂交涉或索赔。

(4)大型设备验收,应根据合同规定由主管部门组织由技术人员、操作人员、管理人员参加的验收小组负责对设备的验收工作。验收合格后填写设备检查验收记录,作为验收合格凭证由设备主管部门办理相关手续。

附件3　小型机具管理办法

小型机具是工程施工生产中完成各项生产经营任务不可或缺的物资，为规范管理、明确职责，特制定本办法。

一、小型机具的范围

(1)单机价值在2000～10000元之间；

(2)使用期限在一年以上的；

(3)“小型机具管理明细表”中所列的部分。

(4)各单位不允许擅自扩大小型机具的范围，一次性摊销的除外。

二、小型机具的购置

1.购置原则

生产上适用，经济上合理，技术上先进，满足环保要求和不同工况下的使用条件。

2.购置程序

(1)小型机具的购置根据“实施性施工组织设计”和各单位的实际情况，确实需要新购的填写机具购置申请报告，由专业公司/项目经理部负责人审批后，由各单位自行采购。

(2)购置的实施参照执行附件2“设备采购办法”。

(3)购置完成后及时填写新机具到达通知单(参照表3-2)和机具购置申请报告一起送本单位财务报销并建立机具台账。

三、小型机具的使用维护

(1)小型机具由各单位物设部建立小型机具台账，自编管理号码进行管理。

(2)小型机具的使用、保养和维修按照相关规定执行。

(3)各单位物设部每季度末5日内要将“小型机具台账”报股份公司物设部。

四、小型机具的成本管理

(1)小型机具的购置应严格审批，避免不必要的资源浪费和增加工程摊销成本。

(2)小型机具费用应按照规定的比例和使用年限(使用年限为4年，摊销比例按照4∶3∶2∶1递减)分期摊入工程成本，闲置时应停止摊销。不允许一次摊入，以免造成成本反映不真实的现象。

(3)各单位需调剂小型机具时应及时将调剂申请报物设部，物设部可根据全公司情况协调各单位进行调剂。

五、小型机具的报废、报损和处理、留用

(1)小型机具的报废、报损由各单位报废鉴定小组自行按照相关规定执行并报公司物设部备案。

(2)符合报废条件的机具可参照相关要求填写报废机械处理申请表(见表3-15)由各单位鉴定小组鉴定,专业公司/项目经理部负责人审批后自行处理并报股份公司物设部备案,处理收入冲减工程成本。能够继续使用的要留用,以创造更大的效益。

六、对各单位不按规定进行机具的购置和处理,视为违规购置和处理机具,将按照有关文件对相关人员进行处罚

附件 4　中铁隧道集团机械设备履历书

中铁隧道集团机械设备

履历书

机械名称＿＿＿＿＿＿＿＿

管理号码＿＿＿＿＿＿＿＿

年　月

<table>
<tr><td colspan="6">机械简历</td></tr>
<tr><td colspan="3">机械名称：</td><td colspan="3">管理号码：</td></tr>
<tr><td colspan="3">型号规格：</td><td colspan="3">设备原值：</td></tr>
<tr><td colspan="3">工　作　机</td><td colspan="3">原　动　机</td></tr>
<tr><td>序号</td><td>项目</td><td>内容摘要</td><td>序号</td><td>项目</td><td>内容摘要</td></tr>
<tr><td>1</td><td>厂牌</td><td></td><td>1</td><td>厂牌</td><td></td></tr>
<tr><td>2</td><td>型式</td><td></td><td>2</td><td>型式</td><td></td></tr>
<tr><td>3</td><td>机械号码</td><td></td><td>3</td><td>机械号码</td><td></td></tr>
<tr><td>4</td><td>出厂年月</td><td></td><td>4</td><td>出厂年月</td><td></td></tr>
<tr><td>5</td><td>规格能力</td><td></td><td>5</td><td>规格能力</td><td></td></tr>
<tr><td>6</td><td>其他</td><td></td><td>6</td><td>汽缸数</td><td></td></tr>
<tr><td>7</td><td></td><td></td><td>7</td><td>缸径×冲程</td><td></td></tr>
<tr><td>8</td><td></td><td></td><td>8</td><td>启动方法</td><td></td></tr>
<tr><td>9</td><td></td><td></td><td>9</td><td>转速</td><td></td></tr>
<tr><td>10</td><td></td><td></td><td>10</td><td>其他</td><td></td></tr>
<tr><td>11</td><td></td><td></td><td>11</td><td></td><td></td></tr>
<tr><td>12</td><td></td><td></td><td>12</td><td></td><td></td></tr>
<tr><td>13</td><td></td><td></td><td>13</td><td></td><td></td></tr>
<tr><td colspan="2">长×宽×高</td><td></td><td colspan="2">总重</td><td></td></tr>
<tr><td colspan="2">投入使用日期</td><td></td><td colspan="2">已运转工时</td><td></td></tr>
<tr><td colspan="6">附注：</td></tr>
</table>

调动记录

调出单位	调入单位	管理号码	到达日期	调动依据（文件号码）	负责司机	调动交接机况记录

附 机 登 记

序号	项 目	内容摘要	序号	项 目	内容摘要

附属设备及随机工具记录

序号	名称	规格	单位	数量	备注

检修记录

修别	日期(　　年　月　日)				修换记要			承修单位	备注
	进厂	开工	完工	出厂	项目	更换配件材料	价格		

事故记录

日期			发生事故地点	事故经过与原因	损坏情况	事故单位及责人	修复日期			处理结果及修复情况	损坏价值
年	月	日					年	月	日		

运　转　记　录

年		运转小时或行走公里	工作量	燃油消耗	机油消耗	车日利用					
季	月					共计	工作天	大修	保养	待修	待件
第一季度	1										
	2										
	3										
	合计										
季	月										
第二季度	4										
	5										
	6										
	合计										
季	月										
上半年合计											
第三季度	7										
	8										
	9										
	合计										
季	月										
第四季度	10										
	11										
	12										
	合计										
全年合计											

技术改造及其他记录

注：机械设备履历书为32开纸竖排。

附件5　中华人民共和国特种设备安全法

第一章　总则

第一条　为了加强特种设备安全工作，预防特种设备事故，保障人身和财产安全，促进经济社会发展，制定本法。

第二条　特种设备的生产(包括设计、制造、安装、改造、修理)、经营、使用、检验、检测和特种设备安全的监督管理，适用本法。

本法所称特种设备，是指对人身和财产安全有较大危险性的锅炉、压力容器(含气瓶)、压力管道、电梯、起重机械、客运索道、大型游乐设施、场(厂)内专用机动车辆，以及法律、行政法规规定适用本法的其他特种设备。

国家对特种设备实行目录管理。特种设备目录由国务院负责特种设备安全监督管理的部门制定，报国务院批准后执行。

第三条　特种设备安全工作应当坚持安全第一、预防为主、节能环保、综合治理的原则。

第四条　国家对特种设备的生产、经营、使用，实施分类的、全过程的安全监督管理。

第五条　国务院负责特种设备安全监督管理的部门对全国特种设备安全实施监督管理。县级以上地方各级人民政府负责特种设备安全监督管理的部门对本行政区域内特种设备安全实施监督管理。

第六条　国务院和地方各级人民政府应当加强对特种设备安全工作的领导，督促各有关部门依法履行监督管理职责。

县级以上地方各级人民政府应当建立协调机制，及时协调、解决特种设备安全监督管理中存在的问题。

第七条　特种设备生产、经营、使用单位应当遵守本法和其他有关法律、法规，建立、健全特种设备安全和节能责任制度，加强特种设备安全和节能管理，确保特种设备生产、经营、使用安全，符合节能要求。

第八条　特种设备生产、经营、使用、检验、检测应当遵守有关特种设备安全技术规范及相关标准。

特种设备安全技术规范由国务院负责特种设备安全监督管理的部门制定。

第九条　特种设备行业协会应当加强行业自律，推进行业诚信体系建设，提高特种设备安全管理水平。

第十条　国家支持有关特种设备安全的科学技术研究，鼓励先进技术和先进管理方法的推广应用，对做出突出贡献的单位和个人给予奖励。

第十一条　负责特种设备安全监督管理的部门应当加强特种设备安全宣传教育，普及特种设备安全知识，增强社会公众的特种设备安全意识。

第十二条　任何单位和个人有权向负责特种设备安全监督管理的部门和有关部门举报涉及特种设备安全的违法行为，接到举报的部门应当及时处理。

第二章　生产、经营、使用

第一节　一般规定

第十三条　特种设备生产、经营、使用单位及其主要负责人对其生产、经营、使用的特种设备安全负责。

特种设备生产、经营、使用单位应当按照国家有关规定配备特种设备安全管理人员、检测人员和作业人员，并对其进行必要的安全教育和技能培训。

第十四条　特种设备安全管理人员、检测人员和作业人员应当按照国家有关规定取得相应资格，方可从事相关工作。特种设备安全管理人员、检测人员和作业人员应当严格执行安全技术规范和管理制度，保证特种设备安全。

第十五条　特种设备生产、经营、使用单位对其生产、经营、使用的特种设备应当进行自行检测和维护保养，对国家规定实行检验的特种设备应当及时申报并接受检验。

第十六条　特种设备采用新材料、新技术、新工艺，与安全技术规范的要求不一致，或者安全技术规范未作要求、可能对安全性能有重大影响的，应当向国务院负责特种设备安全监督管理的部门申报，由国务院负责特种设备安全监督管理的部门及时委托安全技术咨询机构或者相关专业机构进行技术评审，评审结果经国务院负责特种设备安全监督管理的部门批准，方可投入生产、使用。

国务院负责特种设备安全监督管理的部门应当将允许使用的新材料、新技术、新工艺的有关技术要求，及时纳入安全技术规范。

第十七条　国家鼓励投保特种设备安全责任保险。

第二节　生产

第十八条　国家按照分类监督管理的原则对特种设备生产实行许可制度。特种设备生产单位应当具备下列条件，并经负责特种设备安全监督管理的部门许可，方可从事生产活动：

（一）有与生产相适应的专业技术人员；

（二）有与生产相适应的设备、设施和工作场所；

（三）有健全的质量保证、安全管理和岗位责任等制度。

第十九条　特种设备生产单位应当保证特种设备生产符合安全技术规范及相关标准的要求，对其生产的特种设备的安全性能负责。不得生产不符合安全性能要求和能效指标以及国家明令淘汰的特种设备。

第二十条　锅炉、气瓶、氧舱、客运索道、大型游乐设施的设计文件，应当经负责特种设备安全监督管理的部门核准的检验机构鉴定，方可用于制造。

特种设备产品、部件或者试制的特种设备新产品、新部件以及特种设备采用的新材料，按照安全技术规范的要求需要通过型式试验进行安全性验证的，应当经负责特种设备安全监督管理的部门核准的检验机构进行型式试验。

第二十一条　特种设备出厂时，应当随附安全技术规范要求的设计文件、产品质量合格证明、安装及使用维护保养说明、监督检验证明等相关技术资料和文件，并在特种设备显著位置设置产品铭牌、安全警示标志及其说明。

第二十二条　电梯的安装、改造、修理，必须由电梯制造单位或者其委托的依照本法取得相应许可的单位进行。电梯制造单位委托其他单位进行电梯安装、改造、修理的，应当对其安装、改造、修理进行安全指导和监控，并按照安全技术规范的要求进行校验和调试。电梯制造单位对电梯安全性能负责。

第二十三条　特种设备安装、改造、修理的施工单位应当在施工前将拟进行的特种设备安装、改造、修理情况书面告知直辖市或者设区的市级人民政府负责特种设备安全监督管理的部门。

第二十四条　特种设备安装、改造、修理竣工后，安装、改造、修理的施工单位应当在验收后三十日内将相关技术资料和文件移交特种设备使用单位。特种设备使用单位应当将其存入该特种设备的安全技术档案。

第二十五条　锅炉、压力容器、压力管道元件等特种设备的制造过程和锅炉、压力容器、压力管道、电梯、起重机械、客运索道、大型游乐设施的安装、改造、重大修理过程，应当经特种设备检验机构按照安全技术规范的要求进行监督检验；未经监督检验或者监督检验不合格的，不得出厂或者交付使用。

第二十六条　国家建立缺陷特种设备召回制度。因生产原因造成特种设备存在危及安全的同一性缺陷的，特种设备生产单位应当立即停止生产，主动召回。

国务院负责特种设备安全监督管理的部门发现特种设备存在应当召回而未召回的情形时，应当责令特种设备生产单位召回。

第三节　经营

第二十七条　特种设备销售单位销售的特种设备，应当符合安全技术规范及相关标准的要求，其设计文件、产品质量合格证明、安装及使用维护保养说明、监督检验证明等相关技术资料和文件应当齐全。

特种设备销售单位应当建立特种设备检查验收和销售记录制度。

禁止销售未取得许可生产的特种设备，未经检验和检验不合格的特种设备，或者国家明令淘汰和已经报废的特种设备。

第二十八条　特种设备出租单位不得出租未取得许可生产的特种设备或者国家明令淘汰和已经报废的特种设备，以及未按照安全技术规范的要求进行维护保养和未经检验或者检验不合格的特种设备。

第二十九条　特种设备在出租期间的使用管理和维护保养义务由特种设备出租单位承担，法律另有规定或者当事人另有约定的除外。

第三十条　进口的特种设备应当符合我国安全技术规范的要求，并经检验合格；需要取得我国特种设备生产许可的，应当取得许可。

进口特种设备随附的技术资料和文件应当符合本法第二十一条的规定，其安装及使用维护保养说明、产品铭牌、安全警示标志及其说明应当采用中文。

特种设备的进出口检验，应当遵守有关进出口商品检验的法律、行政法规。

第三十一条　进口特种设备，应当向进口地负责特种设备安全监督管理的部门履行提前告知义务。

第四节　使用

第三十二条　特种设备使用单位应当使用取得许可生产并经检验合格的特种设备。

禁止使用国家明令淘汰和已经报废的特种设备。

第三十三条　特种设备使用单位应当在特种设备投入使用前或者投入使用后三十日内，向负责特种设备安全监督管理的部门办理使用登记，取得使用登记证书。登记标志应当置于该特种设备的显著位置。

第三十四条　特种设备使用单位应当建立岗位责任、隐患治理、应急救援等安全管理制度，制定操作规程，保证特种设备安全运行。

第三十五条　特种设备使用单位应当建立特种设备安全技术档案。安全技术档案应当包括以下内容：

（一）特种设备的设计文件、产品质量合格证明、安装及使用维护保养说明、监督检验证明等相关技术资料和文件；

（二）特种设备的定期检验和定期自行检查记录；

（三）特种设备的日常使用状况记录；

（四）特种设备及其附属仪器仪表的维护保养记录；

（五）特种设备的运行故障和事故记录。

第三十六条　电梯、客运索道、大型游乐设施等为公众提供服务的特种设备的运营使用单位，应当对特种设备的使用安全负责，设置特种设备安全管理机构或者配备专职的特种设备安全管理人员；其他特种设备使用单位，应当根据情况设置特种设备安全管理机构或者配备专职、兼职的特种设备安全管理人员。

第三十七条　特种设备的使用应当具有规定的安全距离、安全防护措施。

与特种设备安全相关的建筑物、附属设施，应当符合有关法律、行政法规的规定。

第三十八条　特种设备属于共有的，共有人可以委托物业服务单位或者其他管理人管理特种设备，受托人履行本法规定的特种设备使用单位的义务，承担相应责任。共有人未委托的，由共有人或者实际管理人履行管理义务，承担相应责任。

第三十九条　特种设备使用单位应当对其使用的特种设备进行经常性维护保养和定期自行检查，并作出记录。

特种设备使用单位应当对其使用的特种设备的安全附件、安全保护装置进行定期校验、检修，并作出记录。

第四十条　特种设备使用单位应当按照安全技术规范的要求，在检验合格有效期届满前一个月向特种设备检验机构提出定期检验要求。

特种设备检验机构接到定期检验要求后，应当按照安全技术规范的要求及时进行安全性能检验。特种设备使用单位应当将定期检验标志置于该特种设备的显著位置。

未经定期检验或者检验不合格的特种设备，不得继续使用。

第四十一条　特种设备安全管理人员应当对特种设备使用状况进行经常性检查，发现问题应当立即处理；情况紧急时，可以决定停止使用特种设备并及时报告本单位有关负责人。

特种设备作业人员在作业过程中发现事故隐患或者其他不安全因素，应当立即向特种设备安全管理人员和单位有关负责人报告；特种设备运行不正常时，特种设备作业人员应当按照操作规程采取有效措施保证安全。

第四十二条　特种设备出现故障或者发生异常情况，特种设备使用单位应当对其进行全面检查，消除事故隐患，方可继续使用。

第四十三条　客运索道、大型游乐设施在每日投入使用前，其运营使用单位应当进行试运行和例行安全检查，并对安全附件和安全保护装置进行检查确认。

电梯、客运索道、大型游乐设施的运营使用单位应当将电梯、客运索道、大型游乐设施的安全使用说明、安全注意事项和警示标志置于易于为乘客注意的显著位置。

公众乘坐或者操作电梯、客运索道、大型游乐设施，应当遵守安全使用说明和安全注意事项的要求，服从有关工作人员的管理和指挥；遇有运行不正常时，应当按照安全指引，有序撤离。

第四十四条　锅炉使用单位应当按照安全技术规范的要求进行锅炉水（介）质处理，并接受特种设备检验机构的定期检验。

从事锅炉清洗，应当按照安全技术规范的要求进行，并接受特种设备检验机构的监督检验。

第四十五条　电梯的维护保养应当由电梯制造单位或者依照本法取得许可的安装、改造、修理单位进行。

电梯的维护保养单位应当在维护保养中严格执行安全技术规范的要求，保证其维护保养的电梯的安全性能，并负责落实现场安全防护措施，保证施工安全。

电梯的维护保养单位应当对其维护保养的电梯的安全性能负责；接到故障通知后，应当立即赶赴现场，并采取必要的应急救援措施。

第四十六条　电梯投入使用后，电梯制造单位应当对其制造的电梯的安全运行情况进行跟踪调查和了解，对电梯的维护保养单位或者使用单位在维护保养和安全运行方面存在的问题，提出改进建议，并提供必要的技术帮助；发现电梯存在严重事故隐患时，应当及时告知电梯使用单位，并向负责特种设备安全监督管理的部门报告。电梯制造单位对调查和了解的情况，应当作出记录。

第四十七条　特种设备进行改造、修理，按照规定需要变更使用登记的，应当办理变更登记，方可继续使用。

第四十八条　特种设备存在严重事故隐患，无改造、修理价值，或者达到安全技术规范规定的其他报废条件的，特种设备使用单位应当依法履行报废义务，采取必要措施消除该特种设备的使用功能，并向原登记的负责特种设备安全监督管理的部门办理使用登记证书注销手续。

前款规定报废条件以外的特种设备，达到设计使用年限可以继续使用的，应当按照安全技术规范的要求通过检验或者安全评估，并办理使用登记证书变更，方可继续使用。允许继续使用的，应当采取加强检验、检测和维护保养等措施，确保使用安全。

第四十九条　移动式压力容器、气瓶充装单位，应当具备下列条件，并经负责特种设备安全监督管理的部门许可，方可从事充装活动：

（一）有与充装和管理相适应的管理人员和技术人员；

（二）有与充装和管理相适应的充装设备、检测手段、场地厂房、器具、安全设施；

（三）有健全的充装管理制度、责任制度、处理措施。

充装单位应当建立充装前后的检查、记录制度，禁止对不符合安全技术规范要求的移动式压力容器和气瓶进行充装。

气瓶充装单位应当向气体使用者提供符合安全技术规范要求的气瓶，对气体使用者进行气瓶安全使用指导，并按照安全技术规范的要求办理气瓶使用登记，及时申报定期检验。

第三章　检验、检测

第五十条　从事本法规定的监督检验、定期检验的特种设备检验机构，以及为特种设备生产、经营、使用提供检测服务的特种设备检测机构，应当具备下列条件，并经负责特种设备安全监督管理的部门核准，方可从事检验、检测工作：

（一）有与检验、检测工作相适应的检验、检测人员；

（二）有与检验、检测工作相适应的检验、检测仪器和设备；

（三）有健全的检验、检测管理制度和责任制度。

第五十一条　特种设备检验、检测机构的检验、检测人员应当经考核，取得检验、检测人员资格，方可从事检验、检测工作。

特种设备检验、检测机构的检验、检测人员不得同时在两个以上检验、检测机构中执业；变更执业机构的，应当依法办理变更手续。

第五十二条　特种设备检验、检测工作应当遵守法律、行政法规的规定，并按照安全技术规范的要求进行。

特种设备检验、检测机构及其检验、检测人员应当依法为特种设备生产、经营、使用单位提供安全、可靠、便捷、诚信的检验、检测服务。

第五十三条　特种设备检验、检测机构及其检验、检测人员应当客观、公正、及时地出具检验、检测报告，并对检验、检测结果和鉴定结论负责。

特种设备检验、检测机构及其检验、检测人员在检验、检测中发现特种设备存在严重事故隐患时，应当及时告知相关单位，并立即向负责特种设备安全监督管理的部门报告。

负责特种设备安全监督管理的部门应当组织对特种设备检验、检测机构的检验、检测结果和鉴定结论进行监督抽查，但应当防止重复抽查。监督抽查结果应当向社会公布。

第五十四条　特种设备生产、经营、使用单位应当按照安全技术规范的要求向特种设备检验、检测机构及其检验、检测人员提供特种设备相关资料和必要的检验、检测条件，并对资料的真实性负责。

第五十五条　特种设备检验、检测机构及其检验、检测人员对检验、检测过程中知悉的商业秘密，负有保密义务。

特种设备检验、检测机构及其检验、检测人员不得从事有关特种设备的生产、经营活动，不得推荐或者监制、监销特种设备。

第五十六条　特种设备检验机构及其检验人员利用检验工作故意刁难特种设备生产、经营、使用单位的，特种设备生产、经营、使用单位有权向负责特种设备安全监督管理的部门投诉，接到投诉的部门应当及时进行调查处理。

第四章 监督管理

第五十七条 负责特种设备安全监督管理的部门依照本法规定，对特种设备生产、经营、使用单位和检验、检测机构实施监督检查。

负责特种设备安全监督管理的部门应当对学校、幼儿园以及医院、车站、客运码头、商场、体育场馆、展览馆、公园等公众聚集场所的特种设备，实施重点安全监督检查。

第五十八条 负责特种设备安全监督管理的部门实施本法规定的许可工作，应当依照本法和其他有关法律、行政法规规定的条件和程序以及安全技术规范的要求进行审查；不符合规定的，不得许可。

第五十九条 负责特种设备安全监督管理的部门在办理本法规定的许可时，其受理、审查、许可的程序必须公开，并应当自受理申请之日起三十日内，作出许可或者不予许可的决定；不予许可的，应当书面向申请人说明理由。

第六十条 负责特种设备安全监督管理的部门对依法办理使用登记的特种设备应当建立完整的监督管理档案和信息查询系统；对达到报废条件的特种设备，应当及时督促特种设备使用单位依法履行报废义务。

第六十一条 负责特种设备安全监督管理的部门在依法履行监督检查职责时，可以行使下列职权：

(一)进入现场进行检查，向特种设备生产、经营、使用单位和检验、检测机构的主要负责人和其他有关人员调查、了解有关情况；

(二)根据举报或者取得的涉嫌违法证据，查阅、复制特种设备生产、经营、使用单位和检验、检测机构的有关合同、发票、账簿以及其他有关资料；

(三)对有证据表明不符合安全技术规范要求或者存在严重事故隐患的特种设备实施查封、扣押；

(四)对流入市场的达到报废条件或者已经报废的特种设备实施查封、扣押；

(五)对违反本法规定的行为作出行政处罚决定。

第六十二条 负责特种设备安全监督管理的部门在依法履行职责过程中，发现违反本法规定和安全技术规范要求的行为或者特种设备存在事故隐患时，应当以书面形式发出特种设备安全监察指令，责令有关单位及时采取措施予以改正或者消除事故隐患。紧急情况下要求有关单位采取紧急处置措施的，应当随后补发特种设备安全监察指令。

第六十三条 负责特种设备安全监督管理的部门在依法履行职责过程中，发现重大违法行为或者特种设备存在严重事故隐患时，应当责令有关单位立即停止违法行为，采取措施消除事故隐患，并及时向上级负责特种设备安全监督管理的部门报告。接到报告的负责特种设备安全监督管理的部门应当采取必要措施，及时予以处理。

对违法行为、严重事故隐患的处理需要当地人民政府和有关部门的支持、配合时，负责特种设备安全监督管理的部门应当报告当地人民政府，并通知其他有关部门。当地人民政府和其他有关部门应当采取必要措施，及时予以处理。

第六十四条 地方各级人民政府负责特种设备安全监督管理的部门不得要求已经依照本法规定在其他地方取得许可的特种设备生产单位重复取得许可，不得要求对已经依照本法规定在其他地方检验合格的特种设备重复进行检验。

第六十五条　负责特种设备安全监督管理的部门的安全监察人员应当熟悉相关法律、法规，具有相应的专业知识和工作经验，取得特种设备安全行政执法证件。

特种设备安全监察人员应当忠于职守、坚持原则、秉公执法。

负责特种设备安全监督管理的部门实施安全监督检查时，应当有两名以上特种设备安全监察人员参加，并出示有效的特种设备安全行政执法证件。

第六十六条　负责特种设备安全监督管理的部门对特种设备生产、经营、使用单位和检验、检测机构实施监督检查，应当对每次监督检查的内容、发现的问题及处理情况作出记录，并由参加监督检查的特种设备安全监察人员和被检查单位的有关负责人签字后归档。被检查单位的有关负责人拒绝签字的，特种设备安全监察人员应当将情况记录在案。

第六十七条　负责特种设备安全监督管理的部门及其工作人员不得推荐或者监制、监销特种设备，对履行职责过程中知悉的商业秘密负有保密义务。

第六十八条　国务院负责特种设备安全监督管理的部门和省、自治区、直辖市人民政府负责特种设备安全监督管理的部门应当定期向社会公布特种设备安全总体状况。

第五章　事故应急救援与调查处理

第六十九条　国务院负责特种设备安全监督管理的部门应当依法组织制定特种设备重特大事故应急预案，报国务院批准后纳入国家突发事件应急预案体系。

县级以上地方各级人民政府及其负责特种设备安全监督管理的部门应当依法组织制定本行政区域内特种设备事故应急预案，建立或者纳入相应的应急处置与救援体系。

特种设备使用单位应当制定特种设备事故应急专项预案，并定期进行应急演练。

第七十条　特种设备发生事故后，事故发生单位应当按照应急预案采取措施，组织抢救，防止事故扩大，减少人员伤亡和财产损失，保护事故现场和有关证据，并及时向事故发生地县级以上人民政府负责特种设备安全监督管理的部门和有关部门报告。

县级以上人民政府负责特种设备安全监督管理的部门接到事故报告后，应当尽快核实情况，立即向本级人民政府报告，并按照规定逐级上报。必要时，负责特种设备安全监督管理的部门可以越级上报事故情况。对特别重大事故、重大事故，国务院负责特种设备安全监督管理的部门应当立即报告国务院并通报国务院安全生产监督管理等有关部门。

与事故相关的单位和人员不得迟报、谎报或者瞒报事故情况，不得隐匿、毁灭有关证据或者故意破坏事故现场。

第七十一条　事故发生地人民政府接到事故报告，应当依法启动应急预案，采取应急处置措施，组织应急救援。

第七十二条　特种设备发生特别重大事故，由国务院或者国务院授权有关部门组织事故调查组进行调查。

发生重大事故，由国务院负责特种设备安全监督管理的部门会同有关部门组织事故调查组进行调查。

发生较大事故，由省、自治区、直辖市人民政府负责特种设备安全监督管理的部门会同有关部门组织事故调查组进行调查。

发生一般事故，由设区的市级人民政府负责特种设备安全监督管理的部门会同有关部门组织事故调查组进行调查。

事故调查组应当依法、独立、公正开展调查，提出事故调查报告。

第七十三条　组织事故调查的部门应当将事故调查报告报本级人民政府，并报上一级人民政府负责特种设备安全监督管理的部门备案。有关部门和单位应当依照法律、行政法规的规定，追究事故责任单位和人员的责任。

事故责任单位应当依法落实整改措施，预防同类事故发生。事故造成损害的，事故责任单位应当依法承担赔偿责任。

第六章　法律责任

第七十四条　违反本法规定，未经许可从事特种设备生产活动的，责令停止生产，没收违法制造的特种设备，处十万元以上五十万元以下罚款；有违法所得的，没收违法所得；已经实施安装、改造、修理的，责令恢复原状或者责令限期由取得许可的单位重新安装、改造、修理。

第七十五条　违反本法规定，特种设备的设计文件未经鉴定，擅自用于制造的，责令改正，没收违法制造的特种设备，处五万元以上五十万元以下罚款。

第七十六条　违反本法规定，未进行型式试验的，责令限期改正；逾期未改正的，处三万元以上三十万元以下罚款。

第七十七条　违反本法规定，特种设备出厂时，未按照安全技术规范的要求随附相关技术资料和文件的，责令限期改正；逾期未改正的，责令停止制造、销售，处二万元以上二十万元以下罚款；有违法所得的，没收违法所得。

第七十八条　违反本法规定，特种设备安装、改造、修理的施工单位在施工前未书面告知负责特种设备安全监督管理的部门即行施工的，或者在验收后三十日内未将相关技术资料和文件移交特种设备使用单位的，责令限期改正；逾期未改正的，处一万元以上十万元以下罚款。

第七十九条　违反本法规定，特种设备的制造、安装、改造、重大修理以及锅炉清洗过程，未经监督检验的，责令限期改正；逾期未改正的，处五万元以上二十万元以下罚款；有违法所得的，没收违法所得；情节严重的，吊销生产许可证。

第八十条　违反本法规定，电梯制造单位有下列情形之一的，责令限期改正；逾期未改正的，处一万元以上十万元以下罚款：

(一)未按照安全技术规范的要求对电梯进行校验、调试的；

(二)对电梯的安全运行情况进行跟踪调查和了解时，发现存在严重事故隐患，未及时告知电梯使用单位并向负责特种设备安全监督管理的部门报告的。

第八十一条　违反本法规定，特种设备生产单位有下列行为之一的，责令限期改正；逾期未改正的，责令停止生产，处五万元以上五十万元以下罚款；情节严重的，吊销生产许可证：

(一)不再具备生产条件、生产许可证已经过期或者超出许可范围生产的；

(二)明知特种设备存在同一性缺陷，未立即停止生产并召回的。

违反本法规定，特种设备生产单位生产、销售、交付国家明令淘汰的特种设备的，责令停止生产、销售，没收违法生产、销售、交付的特种设备，处三万元以上三十万元以下罚款；有违法所得的，没收违法所得。

特种设备生产单位涂改、倒卖、出租、出借生产许可证的，责令停止生产，处五万元以上五十万元以下罚款；情节严重的，吊销生产许可证。

第八十二条　违反本法规定，特种设备经营单位有下列行为之一的，责令停止经营，没收违法经营的特种设备，处三万元以上三十万元以下罚款；有违法所得的，没收违法所得：

(一)销售、出租未取得许可生产，未经检验或者检验不合格的特种设备的；

(二)销售、出租国家明令淘汰、已经报废的特种设备，或者未按照安全技术规范的要求进行维护保养的特种设备的。

违反本法规定，特种设备销售单位未建立检查验收和销售记录制度，或者进口特种设备未履行提前告知义务的，责令改正，处一万元以上十万元以下罚款。

特种设备生产单位销售、交付未经检验或者检验不合格的特种设备的，依照本条第一款规定处罚；情节严重的，吊销生产许可证。

第八十三条　违反本法规定，特种设备使用单位有下列行为之一的，责令限期改正；逾期未改正的，责令停止使用有关特种设备，处一万元以上十万元以下罚款：

(一)使用特种设备未按照规定办理使用登记的；

(二)未建立特种设备安全技术档案或者安全技术档案不符合规定要求，或者未依法设置使用登记标志、定期检验标志的；

(三)未对其使用的特种设备进行经常性维护保养和定期自行检查，或者未对其使用的特种设备的安全附件、安全保护装置进行定期校验、检修，并作出记录的；

(四)未按照安全技术规范的要求及时申报并接受检验的；

(五)未按照安全技术规范的要求进行锅炉水(介)质处理的；

(六)未制定特种设备事故应急专项预案的。

第八十四条　违反本法规定，特种设备使用单位有下列行为之一的，责令停止使用有关特种设备，处三万元以上三十万元以下罚款：

(一)使用未取得许可生产，未经检验或者检验不合格的特种设备，或者国家明令淘汰、已经报废的特种设备的；

(二)特种设备出现故障或者发生异常情况，未对其进行全面检查、消除事故隐患，继续使用的；

(三)特种设备存在严重事故隐患，无改造、修理价值，或者达到安全技术规范规定的其他报废条件，未依法履行报废义务，并办理使用登记证书注销手续的。

第八十五条　违反本法规定，移动式压力容器、气瓶充装单位有下列行为之一的，责令改正，处二万元以上二十万元以下罚款；情节严重的，吊销充装许可证：

(一)未按照规定实施充装前后的检查、记录制度的；

(二)对不符合安全技术规范要求的移动式压力容器和气瓶进行充装的。

违反本法规定，未经许可，擅自从事移动式压力容器或者气瓶充装活动的，予以取缔，没收违法充装的气瓶，处十万元以上五十万元以下罚款；有违法所得的，没收违法所得。

第八十六条　违反本法规定，特种设备生产、经营、使用单位有下列情形之一的，责令限期改正；逾期未改正的，责令停止使用有关特种设备或者停产停业整顿，处一万元以上五万元以下罚款：

(一)未配备具有相应资格的特种设备安全管理人员、检测人员和作业人员的;

(二)使用未取得相应资格的人员从事特种设备安全管理、检测和作业的;

(三)未对特种设备安全管理人员、检测人员和作业人员进行安全教育和技能培训的。

第八十七条　违反本法规定,电梯、客运索道、大型游乐设施的运营使用单位有下列情形之一的,责令限期改正;逾期未改正的,责令停止使用有关特种设备或者停产停业整顿,处二万元以上十万元以下罚款:

(一)未设置特种设备安全管理机构或者配备专职的特种设备安全管理人员的;

(二)客运索道、大型游乐设施每日投入使用前,未进行试运行和例行安全检查,未对安全附件和安全保护装置进行检查确认的;

(三)未将电梯、客运索道、大型游乐设施的安全使用说明、安全注意事项和警示标志置于易于为乘客注意的显著位置的。

第八十八条　违反本法规定,未经许可,擅自从事电梯维护保养的,责令停止违法行为,处一万元以上十万元以下罚款;有违法所得的,没收违法所得。

电梯的维护保养单位未按照本法规定以及安全技术规范的要求,进行电梯维护保养的,依照前款规定处罚。

第八十九条　发生特种设备事故,有下列情形之一的,对单位处五万元以上二十万元以下罚款;对主要负责人处一万元以上五万元以下罚款;主要负责人属于国家工作人员的,并依法给予处分:

(一)发生特种设备事故时,不立即组织抢救或者在事故调查处理期间擅离职守或者逃匿的;

(二)对特种设备事故迟报、谎报或者瞒报的。

第九十条　发生事故,对负有责任的单位除要求其依法承担相应的赔偿等责任外,依照下列规定处以罚款:

(一)发生一般事故,处十万元以上二十万元以下罚款;

(二)发生较大事故,处二十万元以上五十万元以下罚款;

(三)发生重大事故,处五十万元以上二百万元以下罚款。

第九十一条　对事故发生负有责任的单位的主要负责人未依法履行职责或者负有领导责任的,依照下列规定处以罚款;属于国家工作人员的,并依法给予处分:

(一)发生一般事故,处上一年年收入百分之三十的罚款;

(二)发生较大事故,处上一年年收入百分之四十的罚款;

(三)发生重大事故,处上一年年收入百分之六十的罚款。

第九十二条　违反本法规定,特种设备安全管理人员、检测人员和作业人员不履行岗位职责,违反操作规程和有关安全规章制度,造成事故的,吊销相关人员的资格。

第九十三条　违反本法规定,特种设备检验、检测机构及其检验、检测人员有下列行为之一的,责令改正,对机构处五万元以上二十万元以下罚款,对直接负责的主管人员和其他直接责任人员处五千元以上五万元以下罚款;情节严重的,吊销机构资质和有关人员的资格:

(一)未经核准或者超出核准范围、使用未取得相应资格的人员从事检验、检测的;

(二)未按照安全技术规范的要求进行检验、检测的;

(三)出具虚假的检验、检测结果和鉴定结论或者检验、检测结果和鉴定结论严重失实的；

(四)发现特种设备存在严重事故隐患，未及时告知相关单位，并立即向负责特种设备安全监督管理的部门报告的；

(五)泄露检验、检测过程中知悉的商业秘密的；

(六)从事有关特种设备的生产、经营活动的；

(七)推荐或者监制、监销特种设备的；

(八)利用检验工作故意刁难相关单位的。

违反本法规定，特种设备检验、检测机构的检验、检测人员同时在两个以上检验、检测机构中执业的，处五千元以上五万元以下罚款；情节严重的，吊销其资格。

第九十四条　违反本法规定，负责特种设备安全监督管理的部门及其工作人员有下列行为之一的，由上级机关责令改正；对直接负责的主管人员和其他直接责任人员，依法给予处分：

(一)未依照法律、行政法规规定的条件、程序实施许可的；

(二)发现未经许可擅自从事特种设备的生产、使用或者检验、检测活动不予取缔或者不依法予以处理的；

(三)发现特种设备生产单位不再具备本法规定的条件而不吊销其许可证，或者发现特种设备生产、经营、使用违法行为不予查处的；

(四)发现特种设备检验、检测机构不再具备本法规定的条件而不撤销其核准，或者对其出具虚假的检验、检测结果和鉴定结论或者检验、检测结果和鉴定结论严重失实的行为不予查处的；

(五)发现违反本法规定和安全技术规范要求的行为或者特种设备存在事故隐患，不立即处理的；

(六)发现重大违法行为或者特种设备存在严重事故隐患，未及时向上级负责特种设备安全监督管理的部门报告，或者接到报告的负责特种设备安全监督管理的部门不立即处理的；

(七)要求已经依照本法规定在其他地方取得许可的特种设备生产单位重复取得许可，或者要求对已经依照本法规定在其他地方检验合格的特种设备重复进行检验的；

(八)推荐或者监制、监销特种设备的；

(九)泄露履行职责过程中知悉的商业秘密的；

(十)接到特种设备事故报告未立即向本级人民政府报告，并按照规定上报的；

(十一)迟报、漏报、谎报或者瞒报事故的；

(十二)妨碍事故救援或者事故调查处理的；

(十三)其他滥用职权、玩忽职守、徇私舞弊的行为。

第九十五条　违反本法规定，特种设备生产、经营、使用单位或者检验、检测机构拒不接受负责特种设备安全监督管理的部门依法实施的监督检查的，责令限期改正；逾期未改正的，责令停产停业整顿，处二万元以上二十万元以下罚款。

特种设备生产、经营、使用单位擅自动用、调换、转移、损毁被查封、扣押的特种设备或者其主要部件的，责令改正，处五万元以上二十万元以下罚款；情节严重的，吊销生产许可证，注销特种设备使用登记证书。

第九十六条　违反本法规定，被依法吊销许可证的，自吊销许可证之日起三年内，负责特种设备安全监督管理的部门不予受理其新的许可申请。

第九十七条 违反本法规定，造成人身、财产损害的，依法承担民事责任。

违反本法规定，应当承担民事赔偿责任和缴纳罚款、罚金，其财产不足以同时支付时，先承担民事赔偿责任。

第九十八条 违反本法规定，构成违反治安管理行为的，依法给予治安管理处罚；构成犯罪的，依法追究刑事责任。

第七章 附则

第九十九条 特种设备行政许可、检验的收费，依照法律、行政法规的规定执行。

第一百条 军事装备、核设施、航空航天器使用的特种设备安全的监督管理不适用本法。

铁路机车、海上设施和船舶、矿山井下使用的特种设备以及民用机场专用设备安全的监督管理，房屋建筑工地、市政工程工地用起重机械和场(厂)内专用机动车辆的安装、使用的监督管理，由有关部门依照本法和其他有关法律的规定实施。

第一百零一条 本法自 2014 年 1 月 1 日起施行。

参 考 文 献

[1] 中华人民共和国建设部标准定额司.全国统一施工机械台班费用编制规则(2001)[S].北京:中国建筑工业出版社,2001.

[2] 铁道部经济规划研究院铁路工程定额所.铁路工程施工机械台班费用定额[M].北京:中国标准出版社,2006.

[3] 天津市城乡建设委员会.全国统一施工机械保养修理技术经济定额[M].北京:新华出版社,1993.

[4] 张爱山.工程机械管理[M].北京:人民交通出版社,2008.

[5] 中华人民共和国人力资源和社会保障部.国家职业技能标准:工程机械修理工(试行)[M].北京:中国劳动社会保障出版社,2010.

[6] 李启月.工程机械[M].长沙:中南大学出版社,2012.

[7] 余恒睦.工程机械[M].武汉:武汉大学出版社,2013.

图书在版编目(CIP)数据

工程机械与机具管理/田昌奇主编.—西安:西安交通大学出版社,2017.7
ISBN 978-7-5605-9864-2

Ⅰ.①工… Ⅱ.①田… Ⅲ.①工程机械-机械设备-设备管理-教材 Ⅳ.①TU6

中国版本图书馆CIP数据核字(2017)第166917号

书　　名　工程机械与机具管理
主　　编　田昌奇
责任编辑　王建洪

出版发行　西安交通大学出版社
(西安市兴庆南路10号　邮政编码710049)
网　　址　http://www.xjtupress.com
电　　话　(029)82668357　82667874(发行中心)
(029)82668315(总编办)
传　　真　(029)82668280
印　　刷　西安明瑞印务有限公司

开　　本　787mm×1092mm　1/16　**印张**　11.375　**字数**　272千字
版次印次　2017年8月第1版　2017年8月第1次印刷
书　　号　ISBN 978-7-5605-9864-2
定　　价　29.80元

读者购书、书店添货,如发现印装质量问题,请与本社发行中心联系、调换。
订购热线:(029)82665248　(029)82665249
投稿热线:(029)82668133
读者信箱:xj_rwjg@126.com